大连金普
骆驼山金远洞遗址

王 元　金昌柱　朱 敏　编著

科学出版社
北 京

内 容 简 介

大连金普骆驼山金远洞遗址蕴藏着极其丰富的珍贵哺乳动物化石，同时存储了我国东北地区300多万年以来地质事件、生物事件、气候事件、环境变迁等方面的巨大信息，为探讨该地区哺乳动物化石及古人类起源、发展、演化过程和生态系统演替提供了可靠的信息和证据。本书展示和回顾了骆驼山金远洞开展发掘以来的系统性成果，以深入浅出的语言和精美的照片向社会大众述说一个如宝库般的古生物化石地点如何被发现、发掘，如何开展研究和保护。以化石为线索，我们可以看到大连第四纪的原始风貌，沧海桑田变化中的恢弘历程。

本书读者对象为古生物、地质、博物馆学科的科研工作者、院校师生及化石爱好者。

图书在版编目（CIP）数据

大连金普骆驼山金远洞遗址 / 王元, 金昌柱, 朱敏编著. — 北京：科学出版社，2022.9

ISBN 978-7-03-073201-9

Ⅰ.①大… Ⅱ.①王…②金…③朱… Ⅲ.①古生物 - 化石 - 文化遗址 - 大连 - 图集 Ⅳ.①Q911.723.13-63

中国版本图书馆CIP数据核字（2022）第173783号

责任编辑：孟美岑 / 责任校对：何艳萍
责任印制：肖　兴 / 书籍设计：北京美光设计制版有限公司

科 学 出 版 社 出版
北京东黄城根北街16号
邮政编码：100717
http://www.sciencep.com

北京华联印刷有限公司 印刷
科学出版社发行　各地新华书店经销
*

2022 年 9 月第 一 版　开本：889×1194　1/12
2022 年 9 月第一次印刷　印张：13　插页：1
字数：320 000

定价：288.00 元
（如有印装质量问题，我社负责调换）

《大连金普骆驼山金远洞遗址》
顾问委员会

主　任

李鹏宇

副主任

吕东升　佟欣秋

总顾问

吴建昌

策　划

赵立新　律　升　王国栋　宋亚运

顾　问

张宝昌　赵　博　黄慰文　刘金远　刘金毅　刘文晖
刘思昭　江左其杲　孙博阳　程晓冬　杨阳河山　李宏龙
李志恒　吴飞翔　张建军　李刈昆　刘　虎　申玉善
李　录　张　洁　秦　超　王一飒

《大连金普骆驼山金远洞遗址》
技术工作组

绘　图

陈　瑜　郭肖聪

摄　影

孙庆熙　代习超　王　正

装帧设计

汤亚辉

同一块热土，同一道海湾。

这块热土，亿万年来就是动物们的乐园，从寒武纪的三叶虫到第四纪的披毛犀、剑齿虎、纳玛象和巨副骆驼。

这道海湾，潮起潮落几度沉浮，海岸线上的岛礁、坨咀、岬角、沙坝，又曾经是辽东乃至东北地区古人类的摇篮和家园。

2013 年，在大连金普新区复州湾街道的骆驼山发现了新生代晚期古生物化石点，中国科学院古脊椎动物与古人类研究所团队经过八年发掘，取得了丰硕成果，使骆驼山成为闻名于世的古生物化石宝库。

骆驼山金远洞古生物化石属种和数量之多，保存之精美，科研价值之高，在中国堪称百年不遇，在世界也属罕见。

骆驼山金远洞的意义在于，这些珍稀的古生物化石，给我们增添了一份丰厚的自然遗产。在这里发现了包括纳玛象、巨副骆驼、板齿犀、硕鬣狗、巨颏虎、德宁格尔熊、长鼻三趾马等 60 多种大型哺乳动物和 50 多种小型哺乳动物的化石，其中一些化石是大连甚至东北地区首次发现的珍稀种类，填补了古生物界的空白。因此它也是孤独的、寂寞的，每一块化石都是独特的存在。

骆驼山金远洞动物群的整体性质和动物生态组合特征，与华北著名的泥河湾动物群、周口店北京猿人遗址动物群有很多相似之处，具有重要的生物地层学及古环境学意义。

骆驼山金远洞堆积有望成为继辽西热河生物群之后，东北发现的又一个轰动世界的化石地点，成为东北亚乃至世界一颗璀璨的古生物和远古文化明珠，当然也会成为中国大连一张靓丽的新名片。

化石是自然的史料，理应为当今的人们及后代共同拥有和珍惜。因此，要保护好骆驼山洞穴遗址群的堆积和化石，我们要有足够的耐心和虔诚的敬畏之心来做这件事。

因此，我们在出版了《金普·远古双眸》报告文学集之后，又精心编纂了这本以骆驼山金远洞成果为主的画册。这是对我们几年来在骆驼山尤其是金远洞的发掘成果进行的一个系统展示和回顾；几百张精美的图片也可以打开一个新的窗口，让读者重新审视我们脚下的这块热土。金普新区，不仅现在是东北的一个窗口和旗帜，就是在远古，也是如此的多姿多彩，令人惊艳。精美的长卷，让我们更加热爱金普新区和大连。

虽然这是一部以摄影照片为主的画册，我们还是争取尽量做到科学与艺术的完美结合。翻开画册，以古生物化石为线索，宛如进入了一条时光隧道，我们可以看到大连第四纪的原始风貌，沧海桑田变化中的恢弘历程。30万～300万年前的金普故事，也将激发我们更加热爱脚下的这块土地，传承和保护、发扬光大和再创辉煌的使命，历史性地落在了我们的肩上。

感谢大连金普新区管理委员会资助项目（"大连骆驼山第四纪脊椎动物化石综合研究"）、国家自然科学基金项目（批准号：41772018、41872022）和中国科学院古生物化石发掘与修理专项对本书的资助。

目录

地理与环境

骆驼山地理坐标为：39°23′59.01″ N，121°41′20.28″ E，是一座南北走向的孤山，南北长约 1000 米，东西宽约 300 米。北高南低，因远观形似骆驼而得名，金远洞堆积位于骆驼山的东北侧。

▲ 骆驼山金远洞俯瞰，绿色块为金远洞堆积。

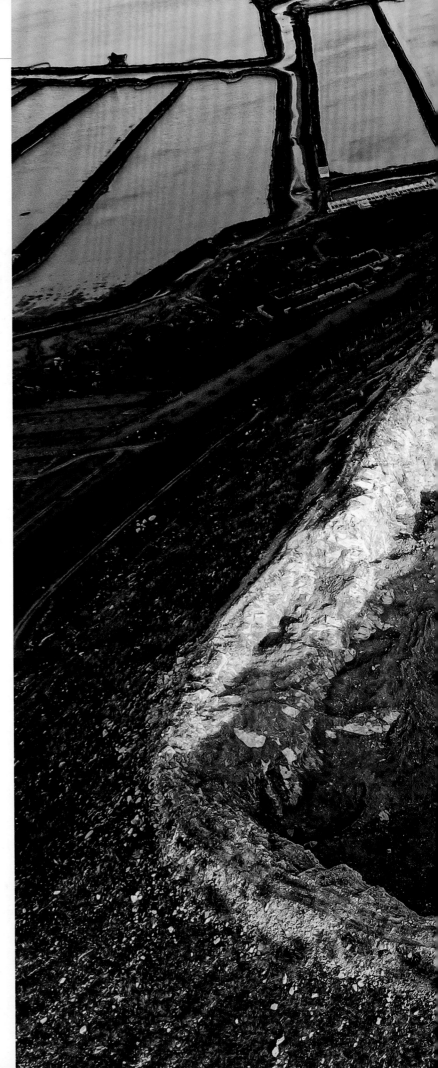

▶ 从空中俯瞰骆驼山，可见青灰色的石灰岩基底。原来海拔 128 米的山已经变成了一个深坑。金远洞堆积变成了最高点。

三棱山

骆驼山

里坨子

◄ 从北往南依次是骆驼山、三棱山和里坨子。海拔 230 米
的三棱山是这一带的最高点，也是复州湾区域的一个地
标，右下里坨子又叫巴狗礁，这里有一个漏斗形状的溶
洞通向海底，被称为穿海洞。

▶ 从北往南看三棱山，三棱山西侧是桃山，山下是复州湾街道的丁屯。

里坨子

簸箕岛

◀ 在海水的包围中，里坨子显得十分安静。南边是普兰店湾的簸箕岛和沈海高速的跨海桥。

▲ 普兰店湾正在铺设的又一座跨海大桥。

▶ 2021 年 10 月 16 日，金普新区管委会搬迁到普湾广场
1 号楼，重心北移，先手布局。这里距离骆驼山金远洞
仅 10 余公里。

▶ 松木岛全貌，骆驼山下的盐田和虾圈。

▲ 骆驼山西侧的月亮湖原是清末著名的五湖嘴煤矿，煤矿停采后形成人工湖。

▶ 这里的复州湾街道有中国海盐之乡的称号，明朝洪武年间即开始煮盐。复州湾海盐是国家地理标志产品。

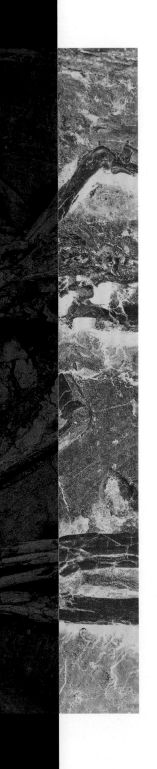

发掘与历程

▶ 自西向东的金远洞全貌，堆积层次分明。从堆积底部走到顶部的探方格里，需跨过几个阶梯。

◀ 2018 年拍摄的金远洞剖面照片。红色堆积处是金远洞，下面青灰色的就是开采的石灰岩。

◀ 2014年8月22日，最早提供骆驼山化石线索的鞍钢黏土矿老工人郭成万先生（左），与中国科学院古脊椎动物与古人类研究所（以下简称中科院古脊椎所）金昌柱研究员（右）在金远洞现场。

◀ 2014年11月6日，金昌柱研究员（左一）接受中国中央电视台记者采访，介绍骆驼山金远洞遗址的发现和发掘情况。

◀ 金远洞堆积中的裸露化石清晰可见。

▲ 2021 年冬，金普新区管委会副主任吕东升（中）和金普新区党工委宣传部部长佟欣秋（右）在骆驼山金远洞现场考察。

◀ 2018 年，中科院古脊椎所科技处张翼处长（中）参观金普新区骆驼山展陈室。

▲ 2013 年 12 月 17 日下午，郭成万先生（右三）带领金昌柱研究员（左四）和大连自然博物馆刘金远研究员（右二、高春玲研究员（左一）等来到骆驼山金远洞堆积前，这是他们第一次和金远洞对话。

▲ 金远洞 2015 年的发掘记录。

▲ 在金远洞堆积顶层布置的边长两米的探方里进行发掘。

▲ 在一个探方区域内，对古动物化石进行细心清理。

▶ 金远洞西北方向的分层发掘。

▲ 套取金远洞用火遗迹。

◀ 2016 年 10 月，在金远洞发现了疑似人类用火的火塘遗迹。

中科院专家教授在金远洞发掘现场。

2015 年 10 月 25 日，辽宁古生物博物馆馆长孙革（上图中，下图右）考察金远洞。

2018 年 4 月，大连金普新区（普湾经济区）
同中科院古脊椎所在北京正式签署战略合作
协议。

周忠和   东升

▲ 讲解，规划，采访。

▲▶ 金远洞顶层探方的初始发掘。

▶ 关于金远洞发掘的记录研讨会合影。

金远洞堆积前的讨论、沉思与憧憬。

◀ 2017 年金远洞发掘场景。

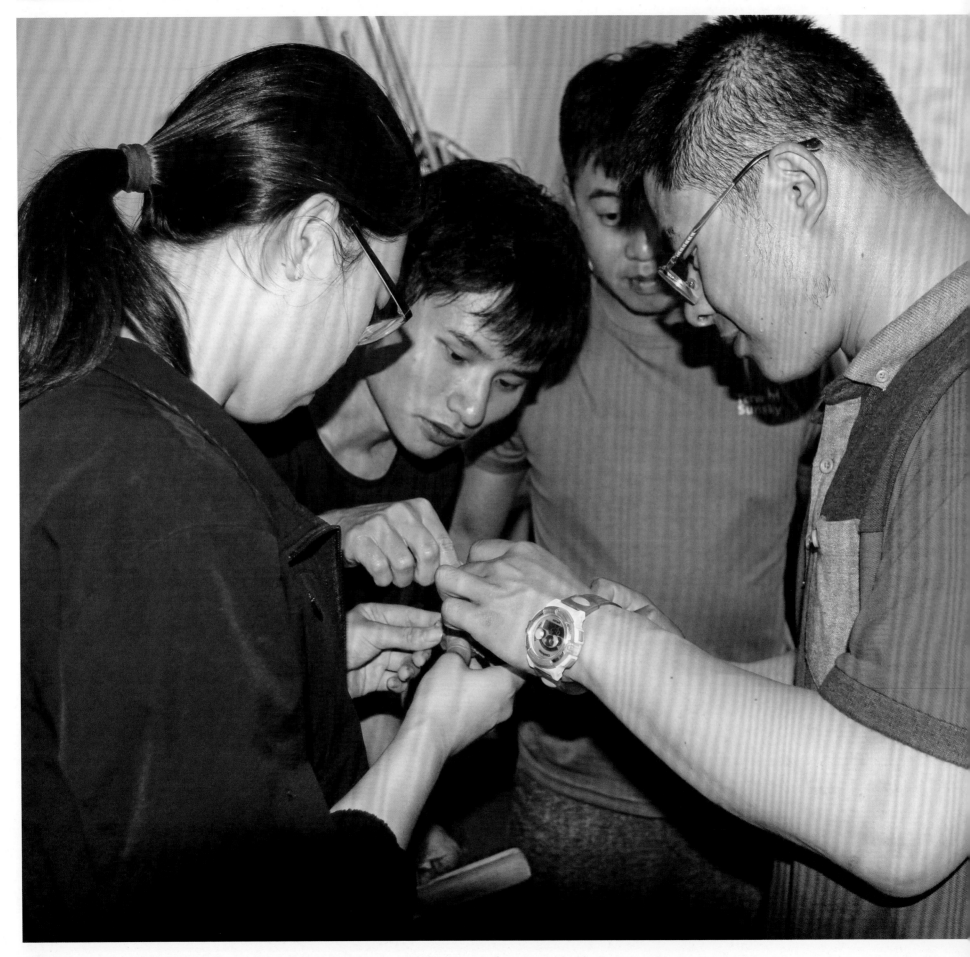

测量，刷扫，观察，拍照，聚焦。

2018 年金远洞清理剖面施工。

2017 年 7 月，在金远洞出土的大型哺乳动物化石。

化石与复原

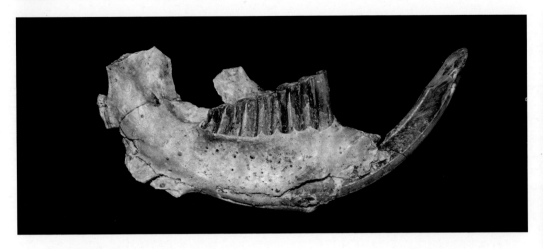

▲ 大连后鼢鼠的下颌骨

▲ 大连后鼢鼠复原图

大连后鼢鼠

拉 丁 名：*Episiphneus dalianensis* Qin et al., 2021

产地层位：大连骆驼山金远洞地质剖面第七层

地质时代：上新世晚期（距今约 360 万～260 万年）

科学意义：鼢鼠是亚洲温带特有的适应掘地生活的啮齿类，主要分布于我国北方、蒙古国和俄罗斯贝加尔地区。骆驼山金远洞发现 300 多万年前的大连后鼢鼠化石，包括了完整的头骨和下颌骨及牙根保存完好的代表不同年龄段的臼齿。这是我国东北地区首次发现具牙根的平枕型鼢鼠头骨，也是迄今该属中地质时代最早、形态特征最原始的种类，表明后鼢鼠很可能起源于中国北方。这对于寻找后鼢鼠的直接祖先，厘清后鼢鼠朝现生鼢鼠演化过程中的各属种关系，深入探讨鼢鼠事件和环境变化的耦合关系提供了重要信息。

参考文献：Qin C, Wang Y, Liu S Z, Song Y Y, Jin C Z. 2021. First discovery of fossil *Episiphneus* (Myospalacinae, Rodentia) from Northeast China. Quaternary International, 591: 59-69

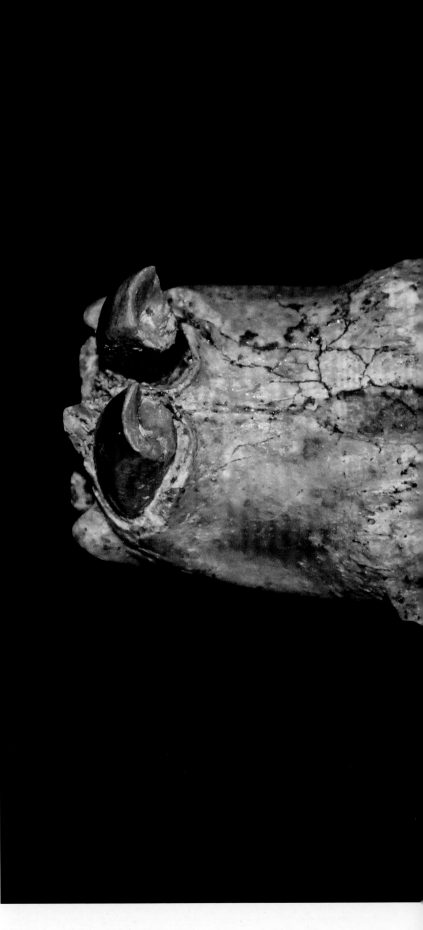

▶ 大连后鼢鼠头骨

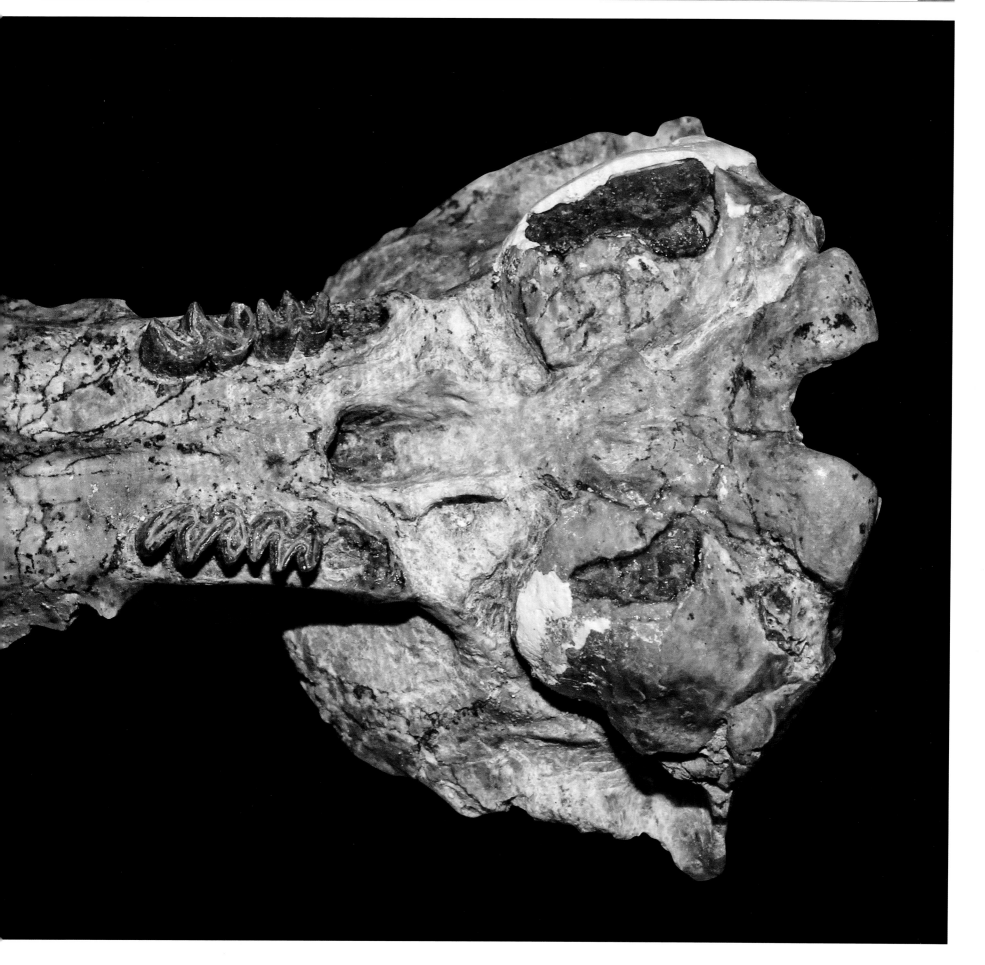

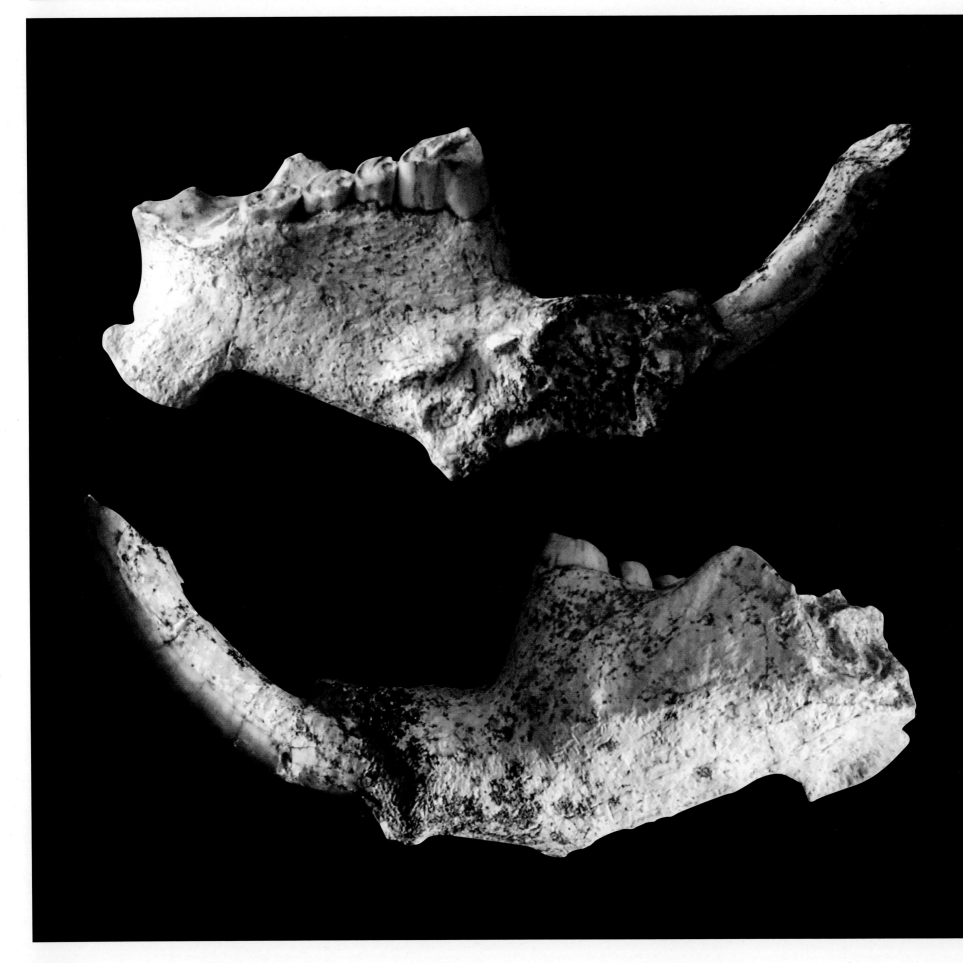

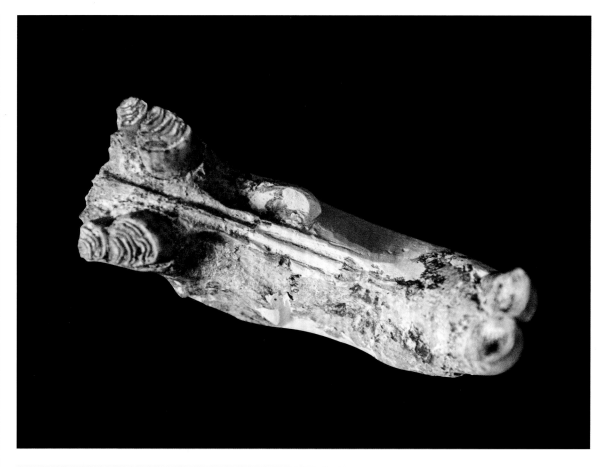

◀ 居氏大河狸残破头骨

居氏大河狸

拉 丁 名：*Trogontherium cuvieri* Fischer, 1809

产地层位：大连骆驼山金远洞地质剖面第二一五层

地质时代：早更新世一中更新世（距今约 210 万～50 万年）

科学意义：大河狸属是河狸科中非常有特点的一类水生或
半水生的大型啮齿动物，其中最为著名的物
种是居氏大河狸。骆驼山金远洞发现了目前
中国乃至全世界最为富集的居氏大河狸化石，
涵盖了金远洞剖面的多个层位，前后跨度 100
多万年，覆盖多个不同的冰期和间冰期，是
全世界目前同一化石点发现该物种连续分布
时间跨度最长的记录。该物种的长期存在也
反映了骆驼山地区在更新世相当长的时期内
降水充沛、植被覆盖率高，生活环境良好。

参考文献：Yang Y H S, Li Q, Ni X J, Cheng X D, Zhang J,
Li H L, Jin C Z. 2021. Tooth micro-wear analysis
reveals that persistence of beaver *Trogontherium
cuvieri* (Rodentia, Mammalia) in Northeast
China relied on its plastic ecological niche in
Pleistocene. Quaternary International, 591: 70-79

▲ 居氏大河狸复原图

◀ 居氏大河狸下颌骨

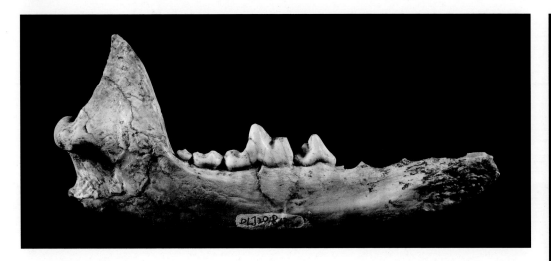

▲ 日轮狼下颌骨

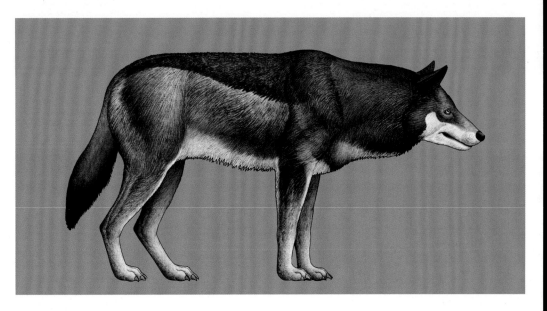

▲ 日轮狼复原图

日轮狼

拉 丁 名：*Canis borjgali* Bartolini Lucenti et al., 2020

产地层位：大连骆驼山金远洞地质剖面第四层

地质时代：早更新世（距今约 180 万～120 万年）

科学意义：日轮狼最初发现于西亚的格鲁吉亚，距今约 180 万年。研究人员对这种犬属动物的研究表明该物种可能与今天的狼关系密切，代表狼的早期祖先。骆驼山金远洞发现的日轮狼系该物种首次在东亚发现，证明这个时期狼的祖先已经广布于欧亚大陆北部。

参考文献：Bartolini Lucenti S, Bukhsianidze M, Martinez-Navarro B, Lordkipanidzw D. 2020. The wolf from Dmanisi and augmented reality: review, implications, and opportunities. Frontiers in Earth Science, 8: 131

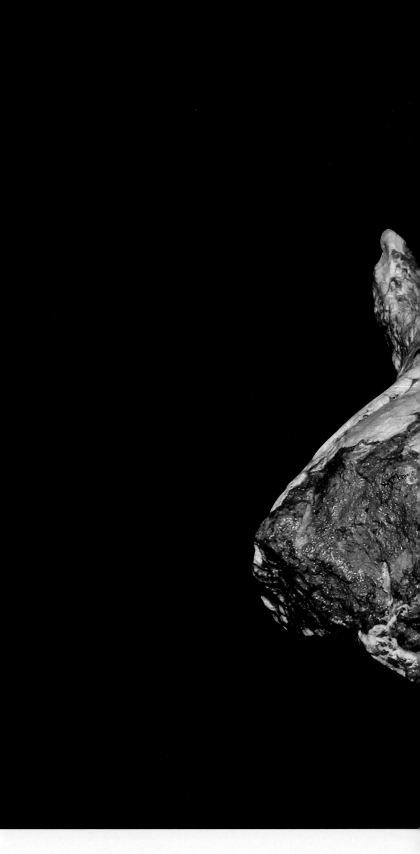

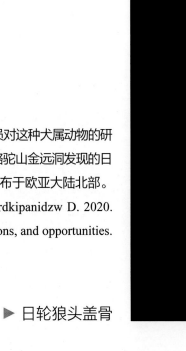

▶ 日轮狼头盖骨

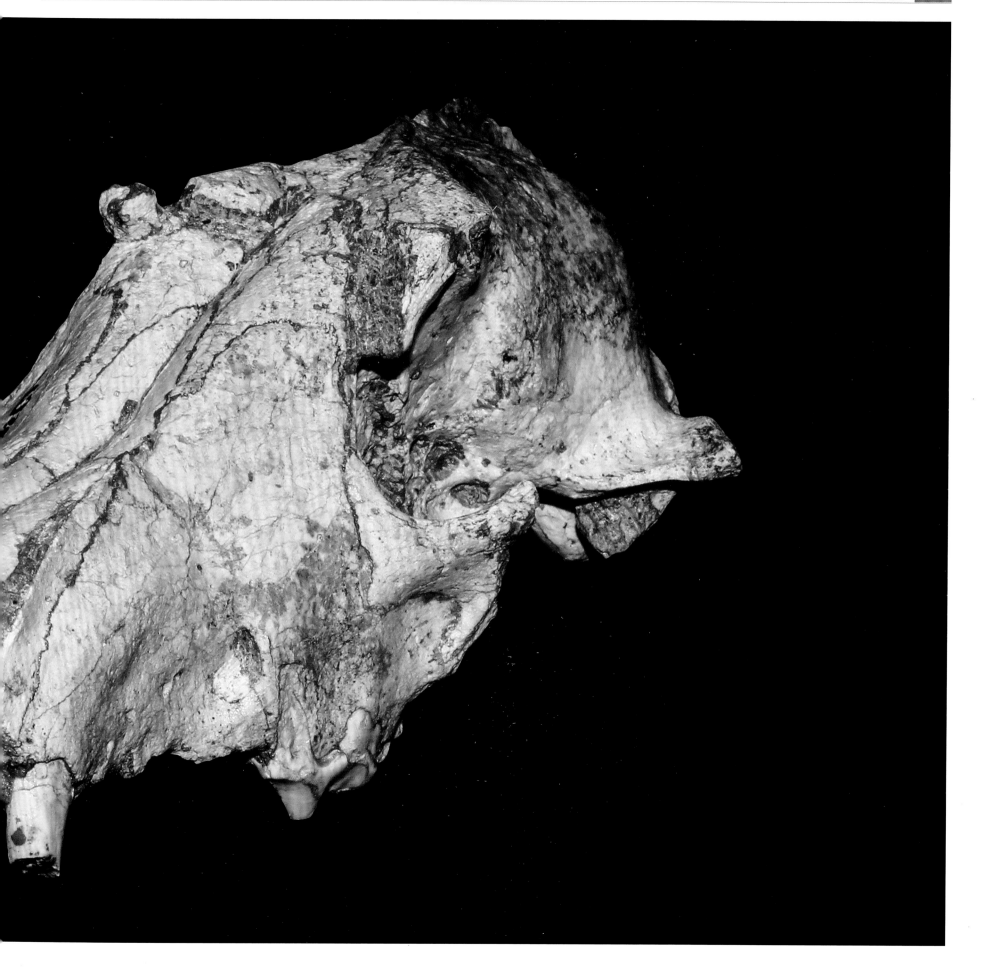

▲ 短吻硕鬣狗复原图

短吻硕鬣狗

拉 丁 名：*Pachycrocuta brevirostris* (Gervais, 1850)

产地层位：大连骆驼山金远洞地质剖面第四一五层

地质时代：早更新世（距今约 250 万~120 万年）

科学意义：硕鬣狗是欧亚大陆早更新世一中更新世早期最常见的大型鬣狗。他们成群结队，往往是生存区内最可怕的猎手。顾名思义，硕鬣狗个体巨大，比今天最大的斑鬣狗还要大 70% 左右，可以媲美一只雌虎。硕鬣狗具有极其发达的前臼齿，可以轻易咬碎猎物的骨骼，啃食骨髓，因此可以比其他食肉动物更加有效地利用食物资源。在骆驼山金远洞发现了极其丰富的硕鬣狗化石，并且除了成年鬣狗外，还发现了非常丰富的幼年个体和鬣狗粪便化石，这表明金远洞很可能曾经是硕鬣狗生活的巢穴。

参考文献：Liu J Y, Liu J Y, Zhang H W, Wagner J, Jiangzuo Q G, Song Y Y, Liu S Z, Wang Y, Jin C Z. 2021. The giant short-faced hyena *Pachycrocuta brevirostris* (Mammalia, Carnivora, Hyaenidae) from Northeast Asia: a reinterpretation of subspecies differentiation and intercontinental dispersal. Quaternary International, 577: 29-51

▶ 短吻硕鬣狗头骨

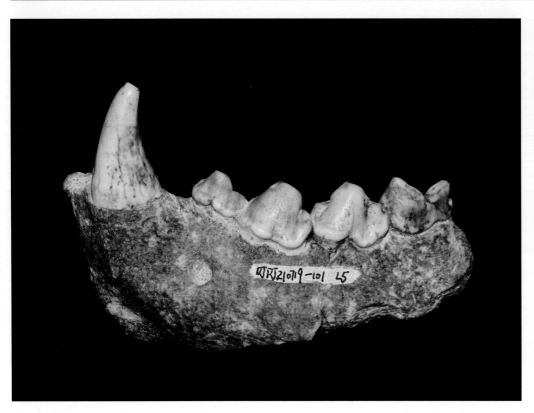

▲ 短吻硕鬣狗下颌

▲ 硕鬣狗粪便

▶ 鬣狗幼年个体头骨

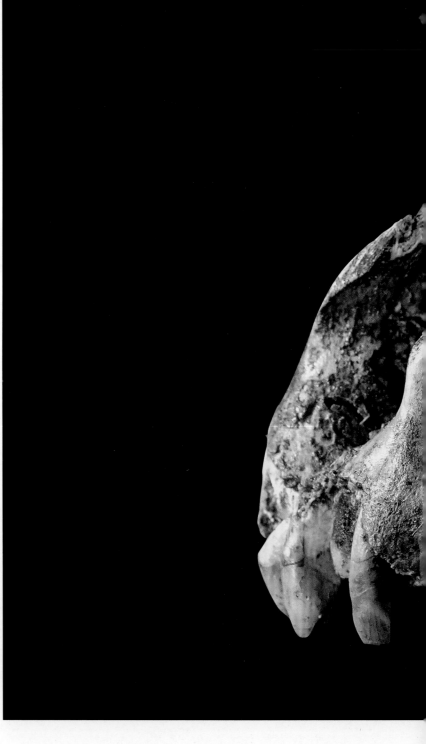

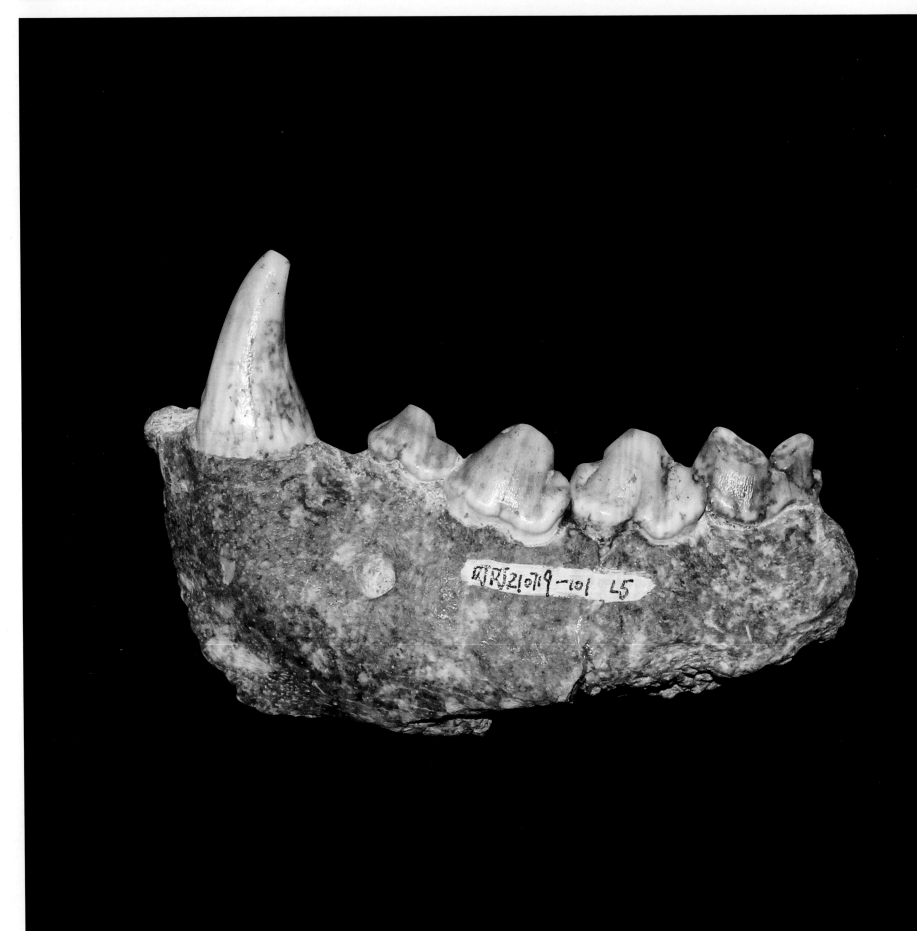

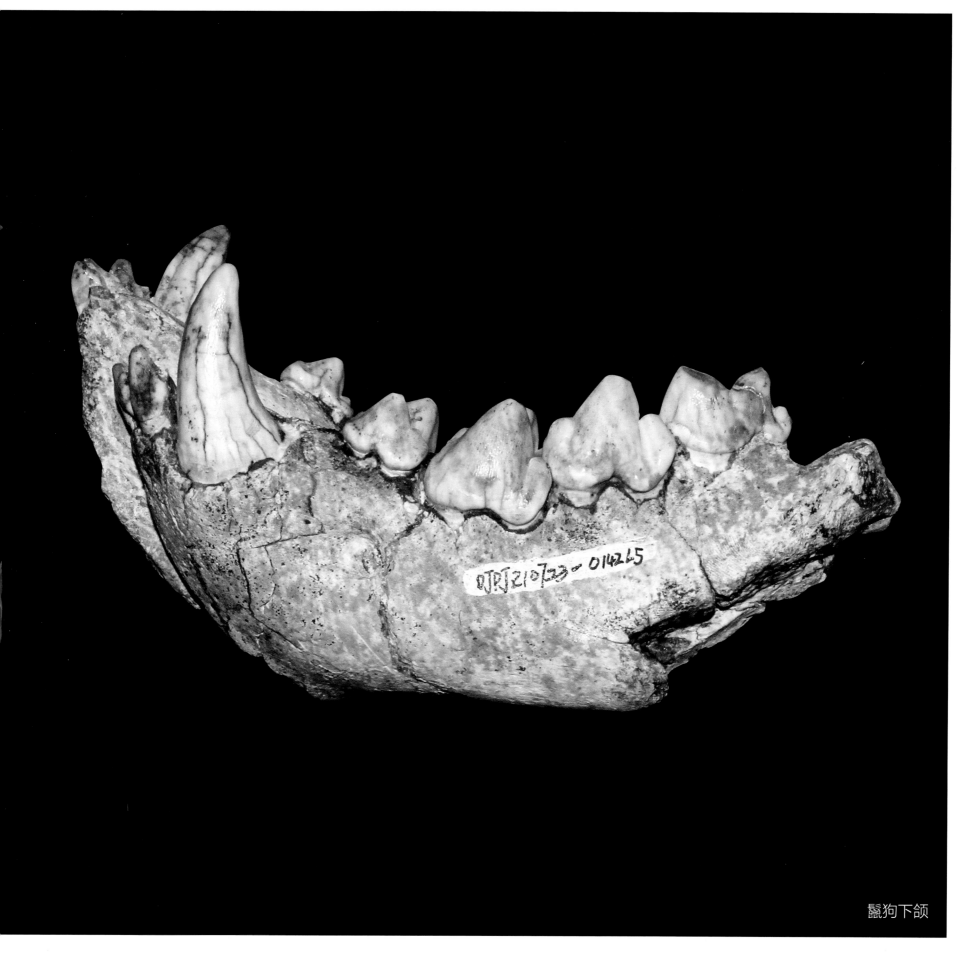

鬣狗下颌

德宁格尔熊

拉 丁 名：*Ursus deningeri* Von Reichenau, 1904

产地层位：大连骆驼山金远洞地质剖面第三层

地质时代：早更新世晚期（距今约 100 万～80 万年）

科学意义：德宁格尔熊是一种生活在欧亚大陆北部的大型熊类，是洞熊的直系祖先。这个支系的熊类个体巨大，比今天的棕熊、北极熊还要巨大，但是食性却是以植物为主食的。骆驼山金远洞发现的德宁格尔熊系该物种自周口店之后的首次发现，并且个体相对较小，可能代表一个相对原始的种群。

参考文献：Jiangzuo Q G, Wagner J, Chen J, Dong C P, Wei J H, Ning J, Liu J Y. 2018. Presence of the middle Pleistocene cave bears in China confirmed—evidence from Zhoukoudian area. Quaternary Science Reviews, 199: 1-17

▶ 德宁格尔熊头骨

▲ 德宁格尔熊复原图

棕熊

拉丁名：*Ursus arctos* Linnaeus, 1753

产地层位：大连骆驼山金远洞地质剖面第二层

地质时代：中更新世（距今约 50 万年）

科学意义：棕熊是一种大型的杂食性熊类，分布范围极广，从欧洲到青藏高原到北美洲。它们的食性非常多样化，可以因地制宜地以植物、肉类或鱼类为主食，因此生存能力很强。棕熊可能起源于东亚地区，在北京周口店猿人遗址有大量的发现。大连骆驼山金远洞发现的棕熊与现生棕熊差异不大，可以归入现生种，说明棕熊早在 50 万年前就已经生存在东北大地，繁衍至今。

参考文献：Jiangzuo Q, Wagner J, Chen J, et al. 2018. Presence of the Middle Pleistocene cave bears in China confirmed—Evidence from Zhoukoudian area. Quaternary Science Reviews, 199: 1-17.

▶ 棕熊头骨

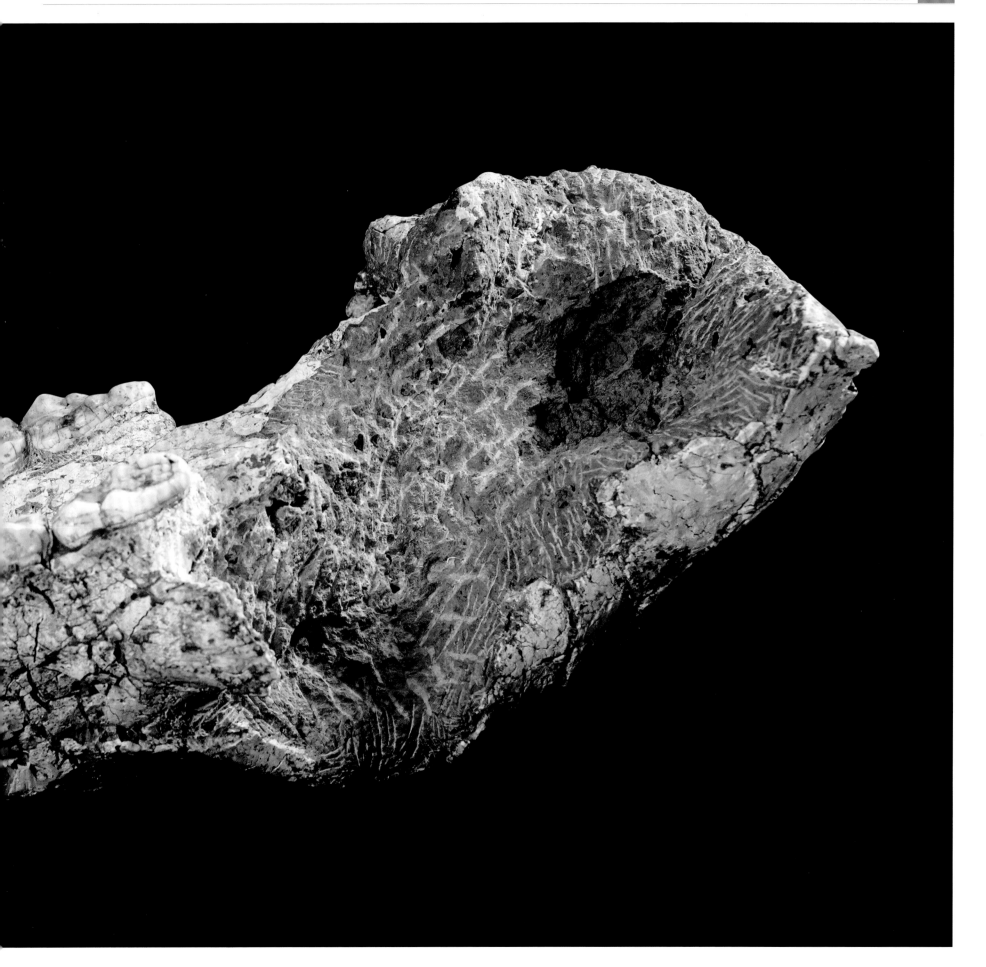

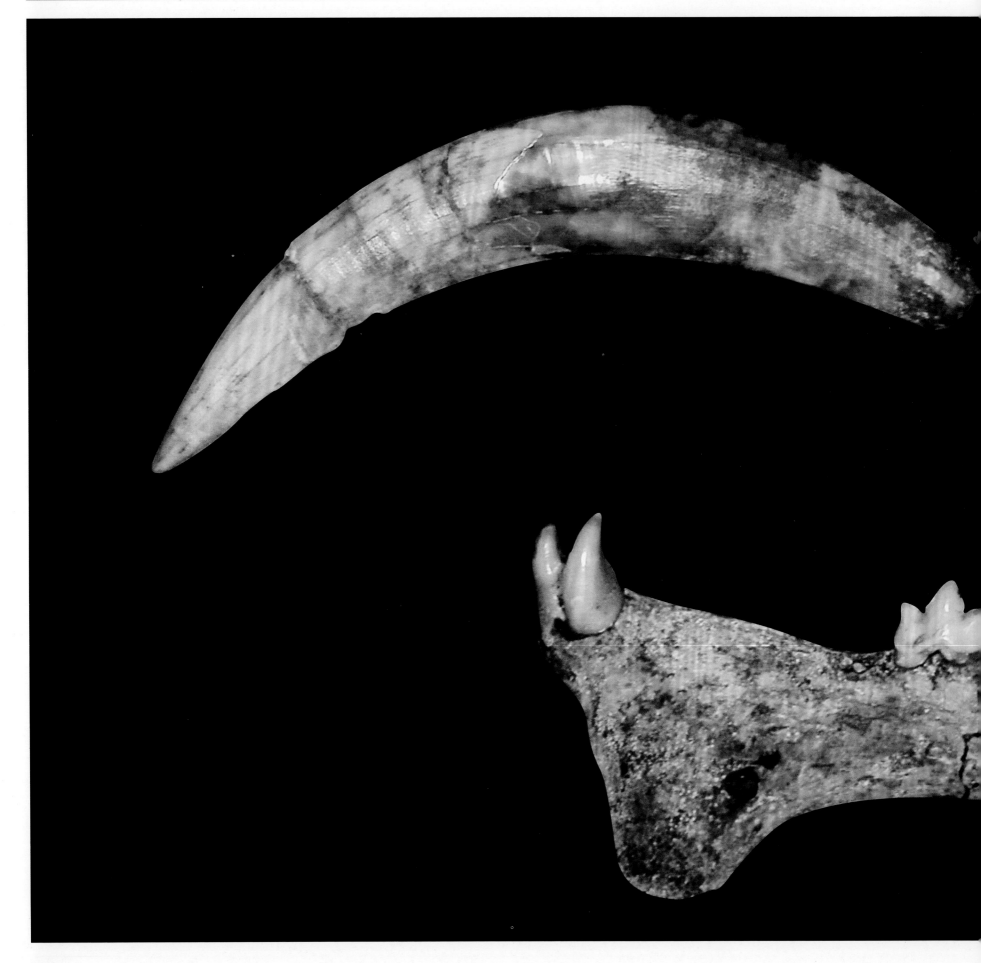

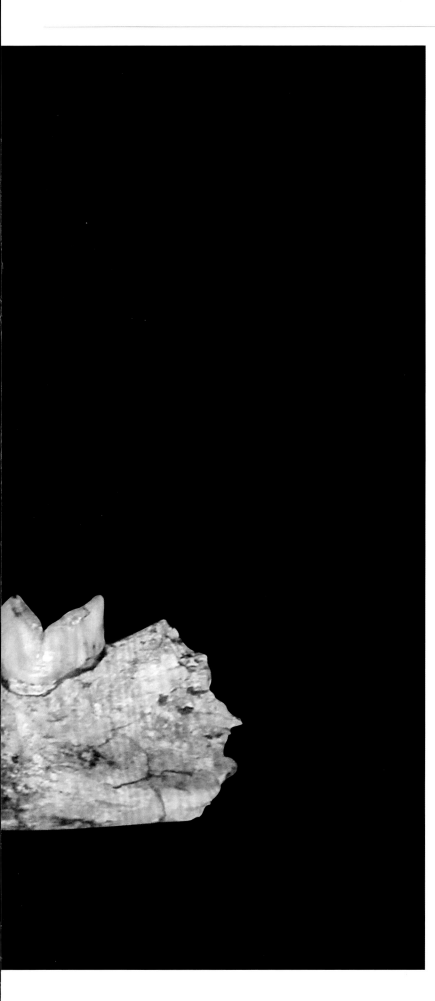

泥河湾巨颏虎

拉 丁 名： *Megantereon nihowanensis* (Teilhard de Chardin et Piveteau, 1930)

产地层位： 大连骆驼山金远洞地质剖面第四层

地质时代： 早更新世（距今约 180 万～120 万年）

科学意义： 巨颏虎是一种中型剑齿虎类，体型与今天的美洲豹相当。巨颏虎具有极其发达的上犬齿，修长而弯曲，表面光滑无锯齿。巨颏虎的四肢十分粗壮，拥有强大的力量来制服猎物，但是速度可能不是很迅捷，因此一般推测巨颏虎是以伏击的方式来捕食猎物的。巨颏虎最早出现于上新世，在早更新世已经遍布欧亚大陆，盛极一时。骆驼山金远洞的巨颏虎标本保存十分完整，有望对研究巨颏虎的演化提供重要信息。

参考文献： Zhu M, Jiangzuo Q G, Qin D G, Jin C Z, Sun C K, Wang Y, Yan Y L, Liu J Y. 2021. First discovery of *Megantereon* skull from southern China. Historical Biology, 33(12): 3413-3422

◄ 泥河湾巨颏虎下颌

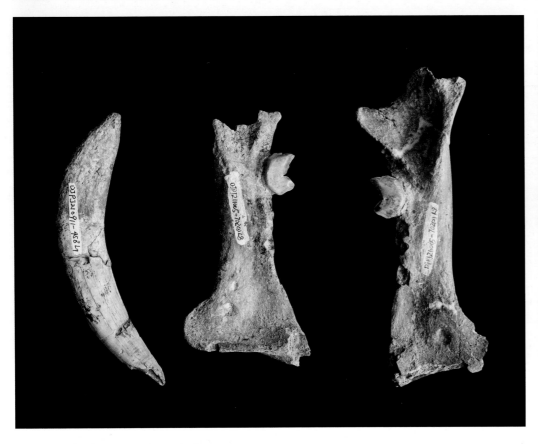

▲ 泥河湾巨颏虎下颌及犬齿

▲ 泥河湾巨颏虎复原图

▶ 泥河湾巨颏虎装架图

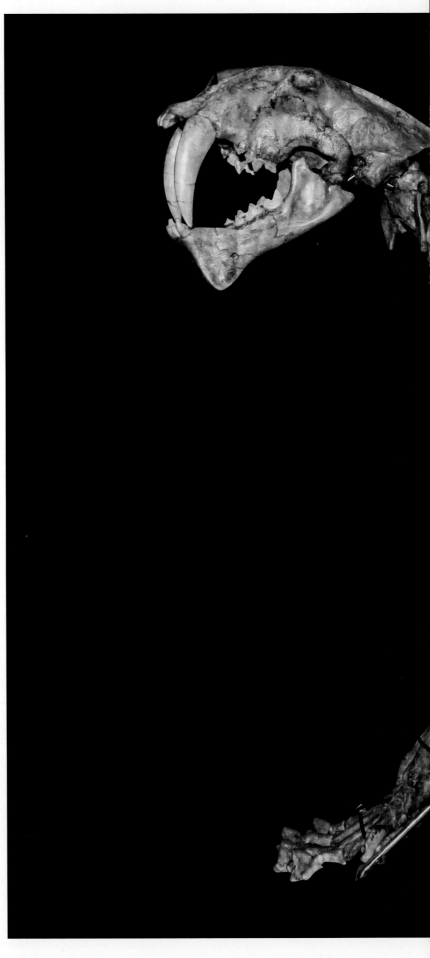

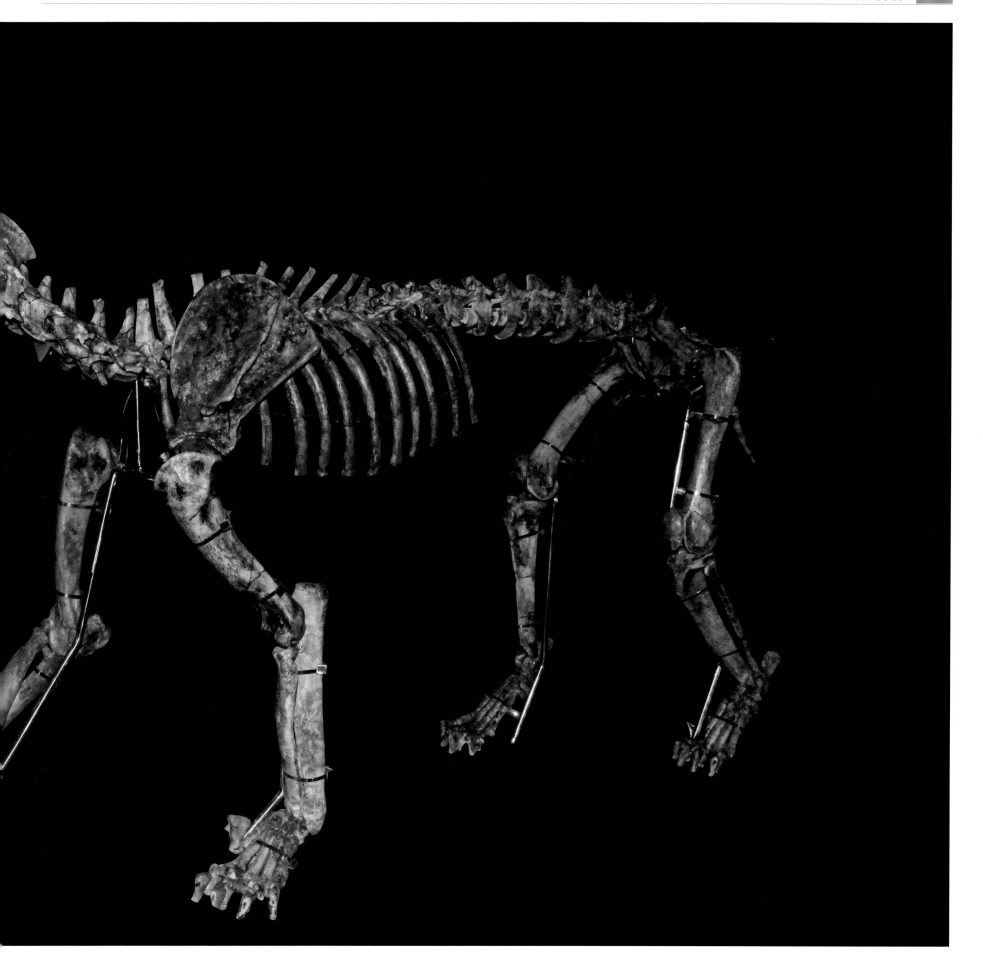

▲ 钝齿锯齿虎复原图

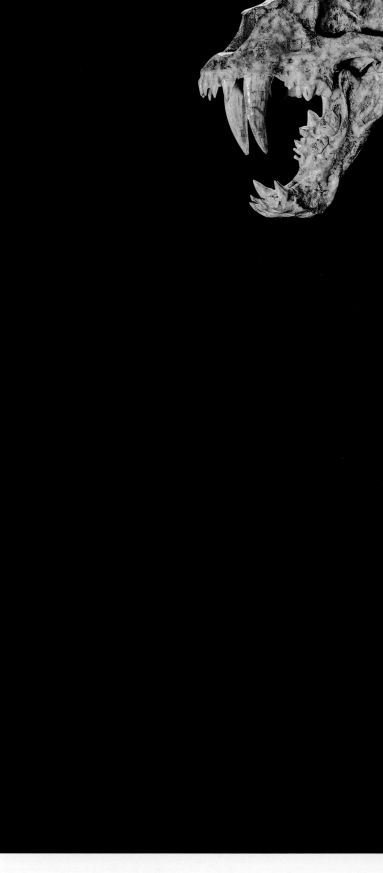

钝齿锯齿虎

拉 丁 名：*Homotherium crenatidens* Fabrini, 1890

产地层位：大连骆驼山金远洞地质剖面第四层

地质时代：早更新世（距今约 180 万 ~ 120 万年）

科学意义：锯齿虎是一种大型的剑齿虎类，体型与今天的狮虎相当。顾名思义，锯齿虎的
犬齿上长着发达的锯齿。事实上，不仅仅是犬齿，锯齿虎的门齿、臼齿上都长
着发达的锯齿，可以轻松撕碎猎物的皮肉。和粗壮的巨颏虎不同，锯齿虎的四
肢相对纤细，擅长奔跑，但是力量却不如巨颏虎。他们可能会成群结队像狼一
样追击猎物。

参考文献：Jiangzuo Q G, Zhao H L, Chen X. 2022. The first complete cranium of *Homotherium*
(Machairodontinae, Felidae) from the Nihewan Basin (northern China). The
Anatomical Record, 1-11. https://doi.org/10.1002/ar.25029

▶ 钝齿锯齿虎装架图

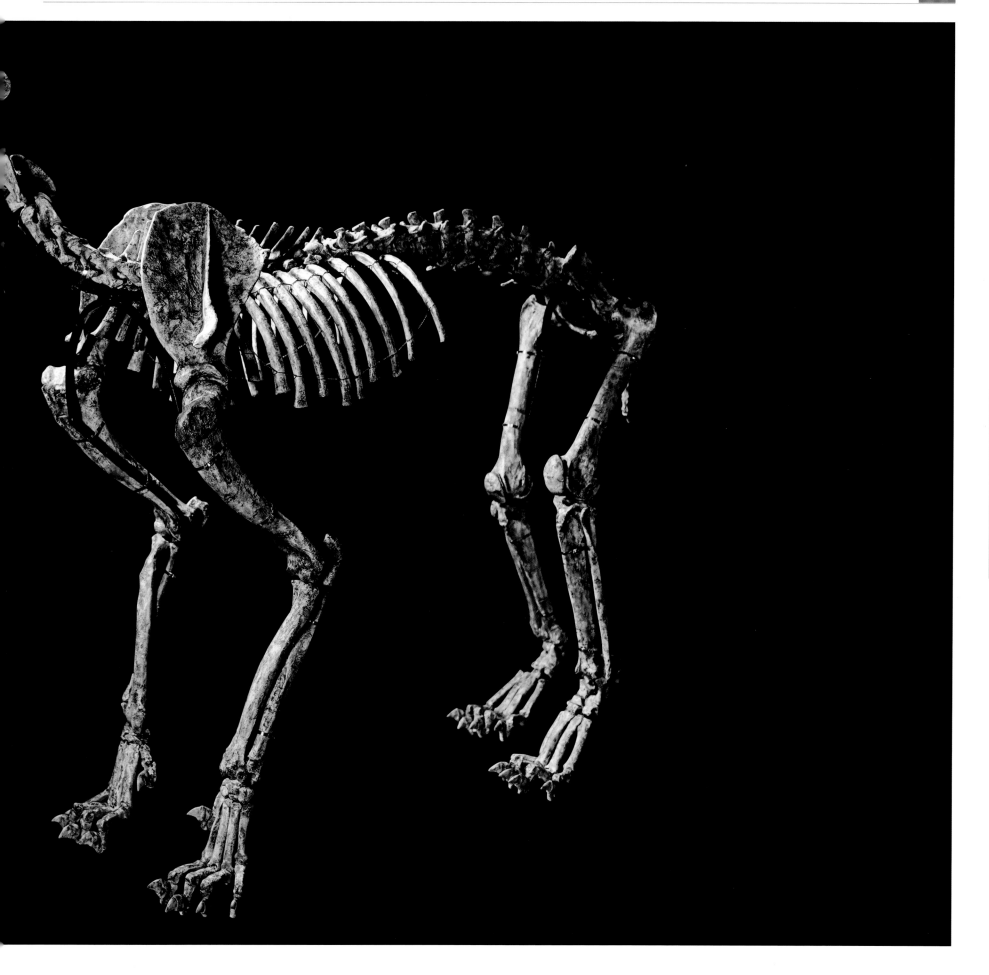

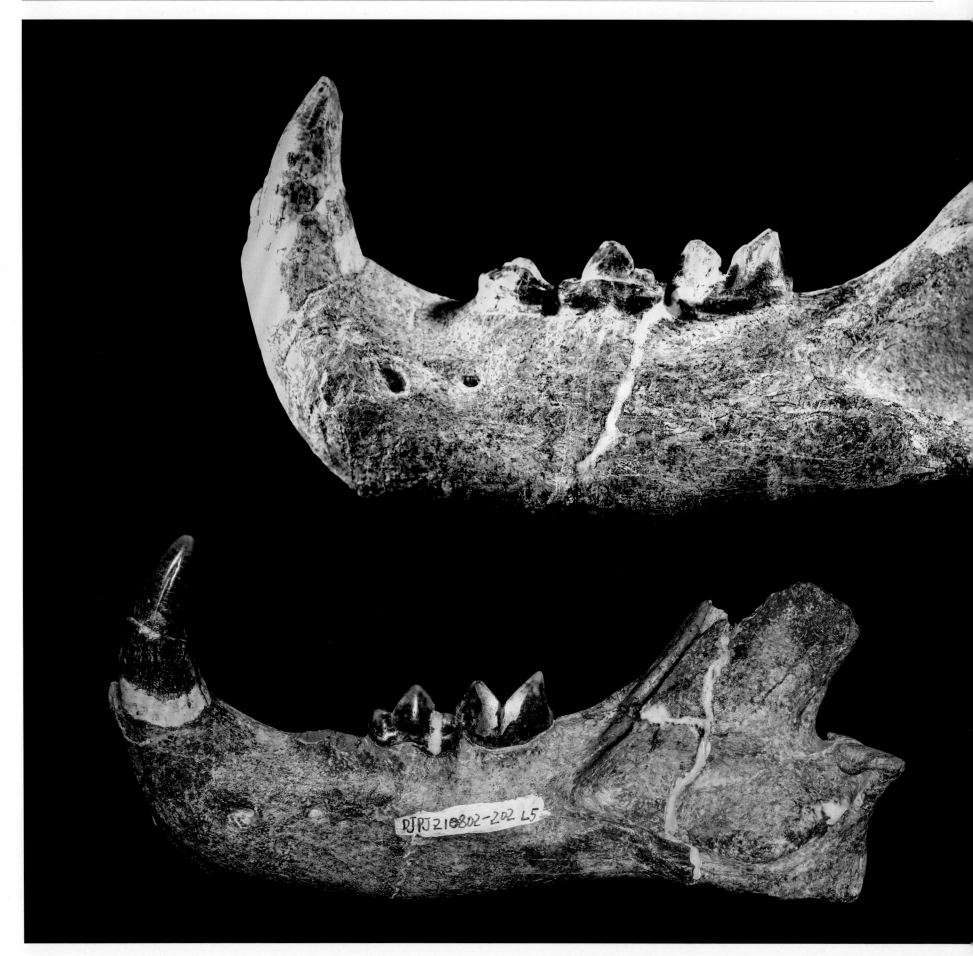

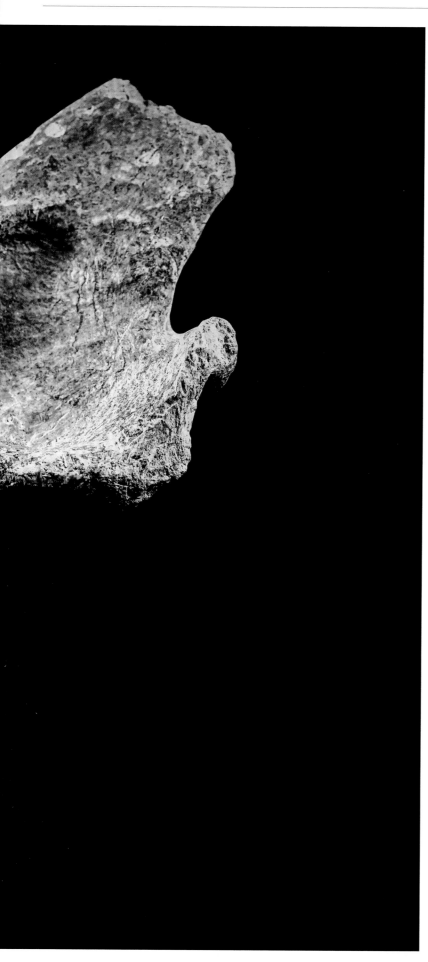

▲ 金普美洲豹复原图

金普美洲豹

拉 丁 名: *Panthera gombaszogensis jinpuensis* Jiangzuo et al., 2022

产地层位: 大连骆驼山金远洞地质剖面第二层

地质时代: 中更新世（距今约 50 万年）

科学意义: 美洲豹是一种生存在中南美洲的大型猫科动物，喜好生活在水边。然而化石记录显示，美洲豹起源于非洲，在早更新世迁入欧亚大陆，随后迁入北美。在更新世气候变迁的过程中，美洲豹的分布缩小，最终只在中南美洲活了下来。过去在东亚地区一直没有发现美洲豹。最近在大连骆驼山金远洞上部层位也发现了美洲豹，并根据形态学对比，认为该美洲豹和已知所有的美洲豹都存在一定的差异，建立一个新亚种——金普美洲豹。金普美洲豹个体较大，可达 100 公斤，在当时的大连处于食物链上部的地位。

参考文献: Jiangzuo Q G, Wang Y, Ge J Y, Liu S Z, Song Y Y, Jin C Z, Jiang H, Liu J Y. 2022. Discovery of jaguar from northeastern China Middle Pleistocene reveals an intercontinental dispersal event. Historical Biology, https://doi.org/10.1080/08912963. 2022.2034808

◀ 金普美洲豹下颌骨

▶ 鼬科动物的完整头骨

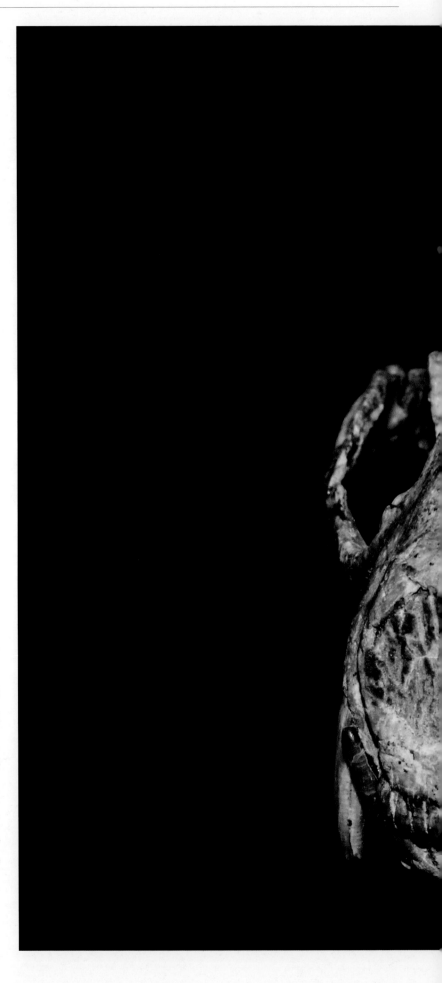

鼬科

拉 丁 名：Mustelidae

产地层位：大连骆驼山金远洞地质剖面第二层

地质时代：中更新世（距今约 50 万年）

科学意义：鼬科动物大多个体小巧，骨骼也相对脆弱，因此发现的化石也较少。在骆驼山金远洞，难能可贵地发现了大量的鼬科动物，以狗獾和鼬为主。狗獾是一种大型鼬科动物，杂食性，身材笨重，擅长挖掘。鼬则是一种小型的肉食性鼬科动物，身体非常灵活，以老鼠为主食。除了獾和鼬外，骆驼山金远洞还发现了獾型海獭貂，其个体较大，和狗獾相当，但是牙齿结构显示它们应该是以肉类为主食。

参考文献：Jiangzuo Q G, Liu J Y, Jin C Z, Song Y Y, Liu S Z, Lü S, Wang Y, Liu J Y. 2019. Discovery of *Enhydrictis* (Mustelidae, Carnivora, Mammalia) cranium in Puwan, Dalian, northeast China demonstrates repeated intracontinental migration during the Pleistocene. Quaternary International, 513: 18-29

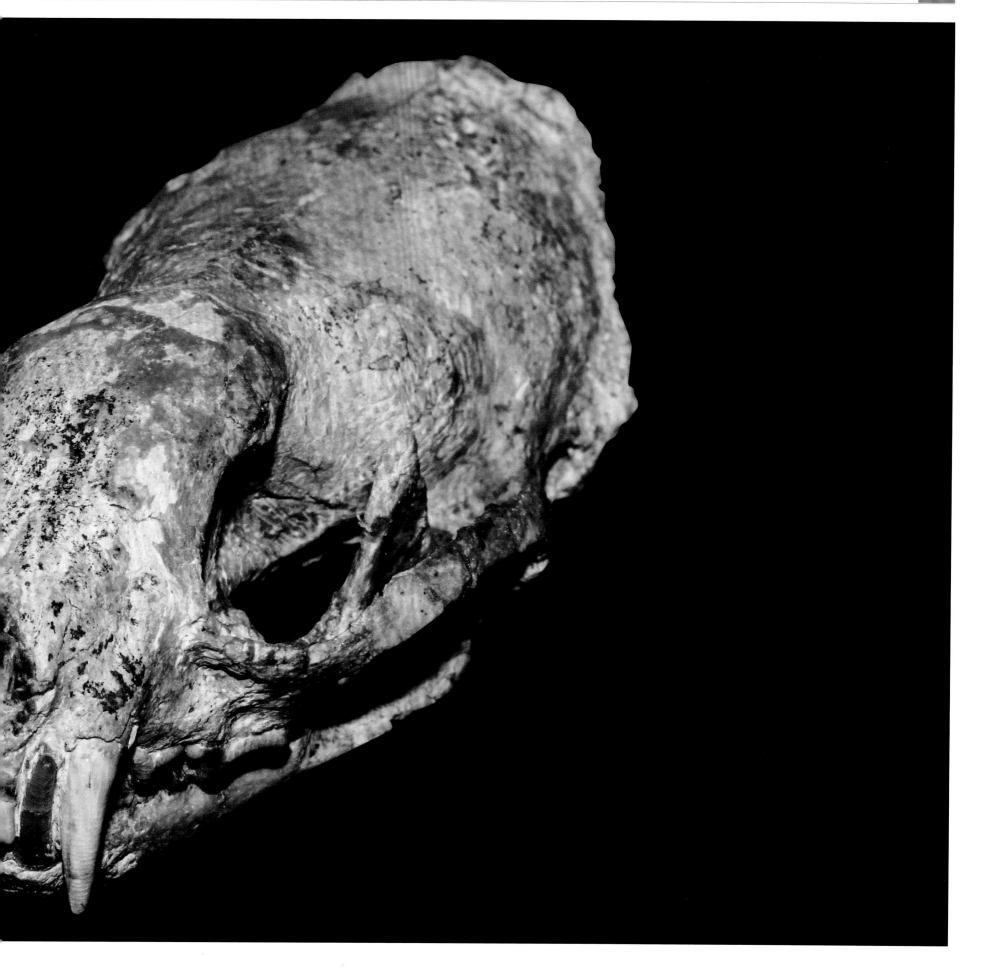

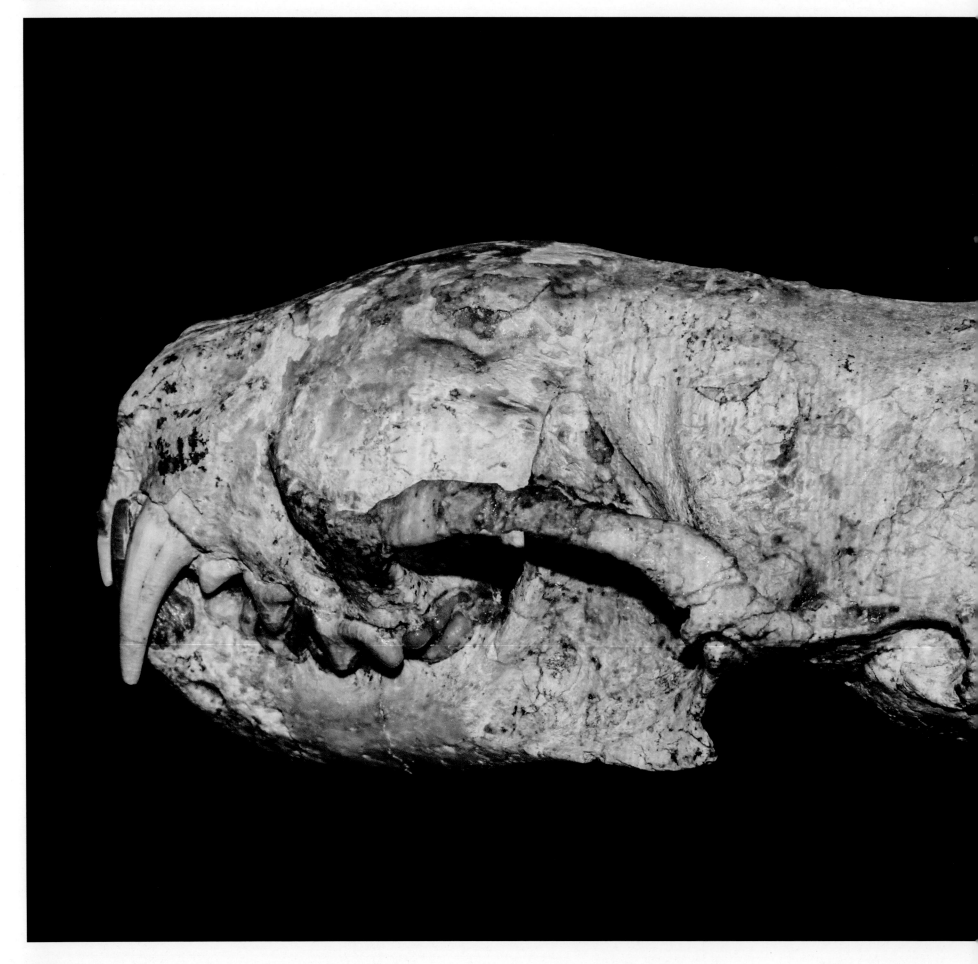

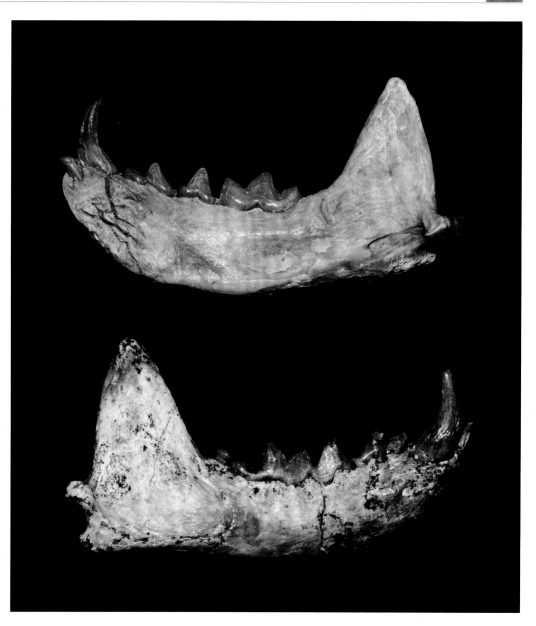

▲ 鼬科动物的下颌骨

◀ 鼬科动物的头骨

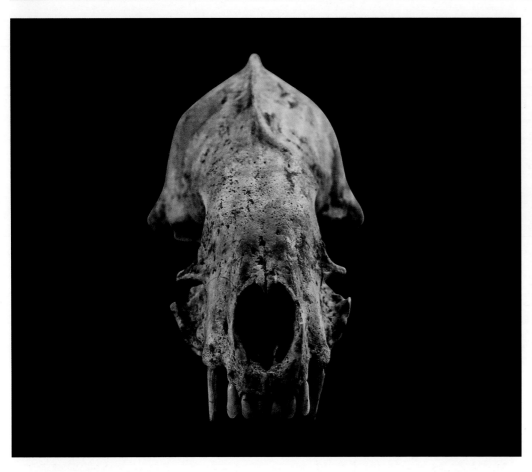

▲ 狗獾头骨

▲ 狗獾复原图

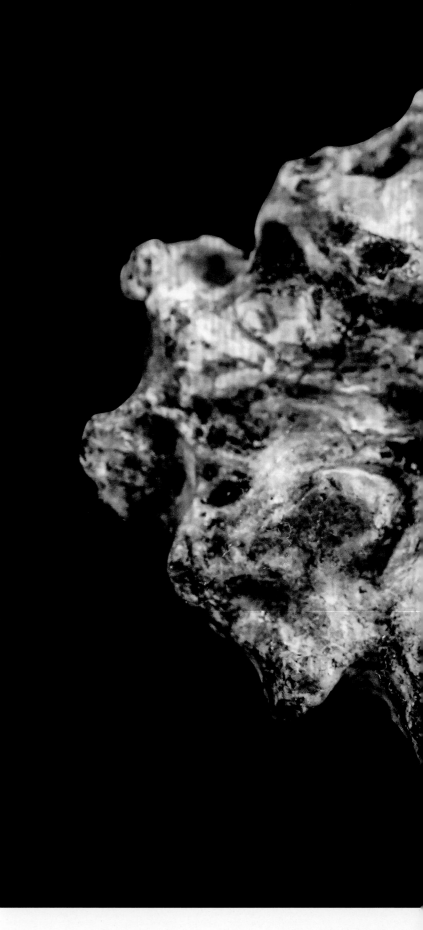

▶ 海獭貂头骨

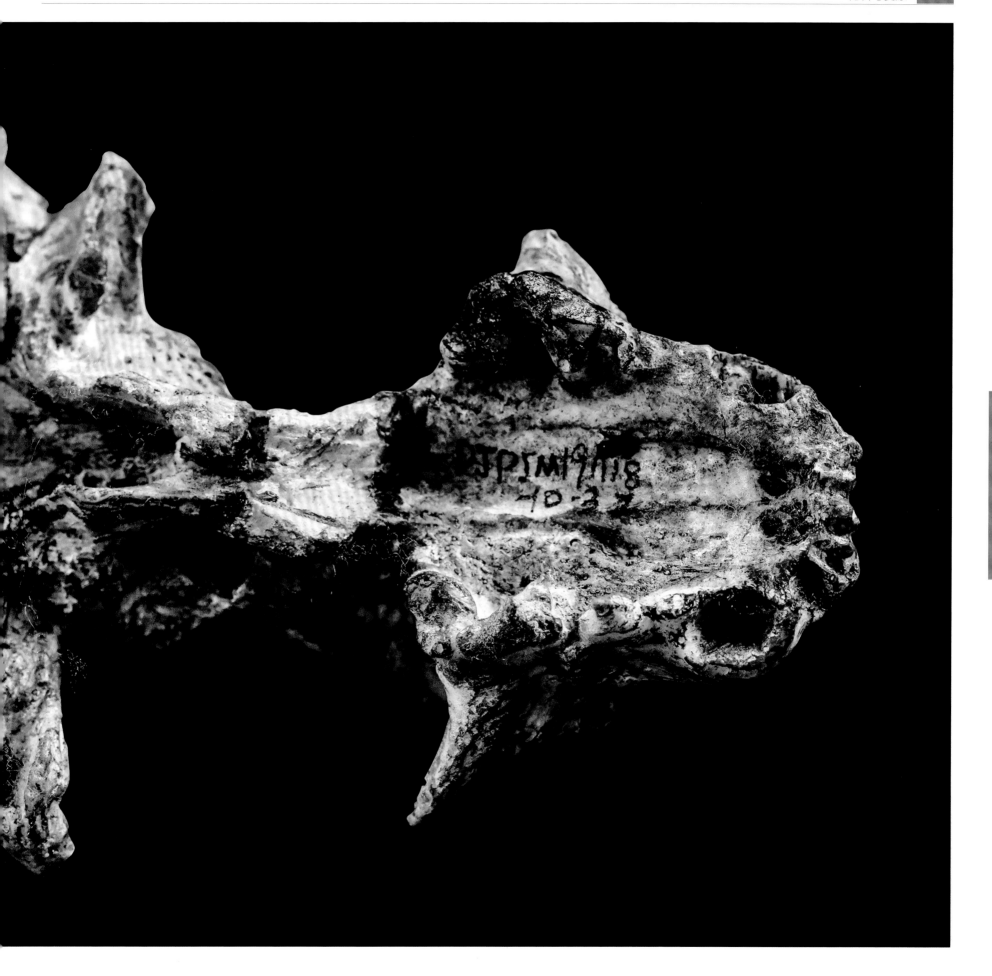

▲ 草原猛犸象复原图

草原猛犸象

拉 丁 名：*Mammuthus trogontherii* (Pohlig, 1885)

产地层位：大连骆驼山金远洞地质剖面第四层

地质时代：早更新世中期（距今约 160 万～120 万年）

科学意义：草原猛犸象是南方猛犸象的后代，其正模标本发现于德国，在早 - 中更新世期间广泛分布于欧亚大陆，因其生活于开阔的草原环境而得名。全球最早的草原猛犸象化石发现于我国河北泥河湾盆地马圈沟遗址第三文化层，距今约 166 万年，我国华北地区因此被认为是该种的起源地。骆驼山金远洞发现的草原猛犸象是迄今我国东北地区第四纪最早的长鼻类化石，对于探讨草原猛犸象在欧亚大陆和北美之间的迁徙、扩散具有重要意义。

参考文献：Jin C Z, Wang Y, Liu J Y, Ge J Y, Zhao B, Liu J Y, Zhang H W, Shao Q F, Gao C L, Zhao K L, Sun B Y, Qin C, Song Y Y, Jiangzuo Q G. 2021. Late Cenozoic mammalian faunal evolution from Jinyuan Cave at Luotuo Hill from Dalian, Northeast China. Quaternary International, 577: 15-28

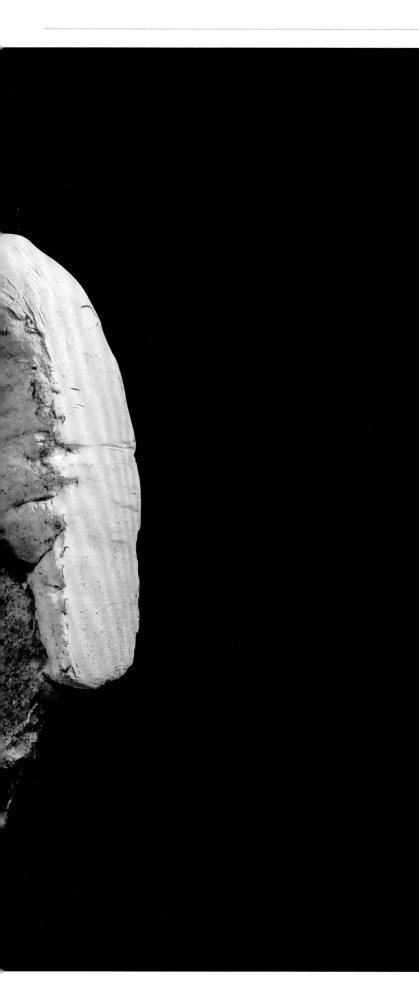

◀ 幼年草原猛犸象的残破头骨

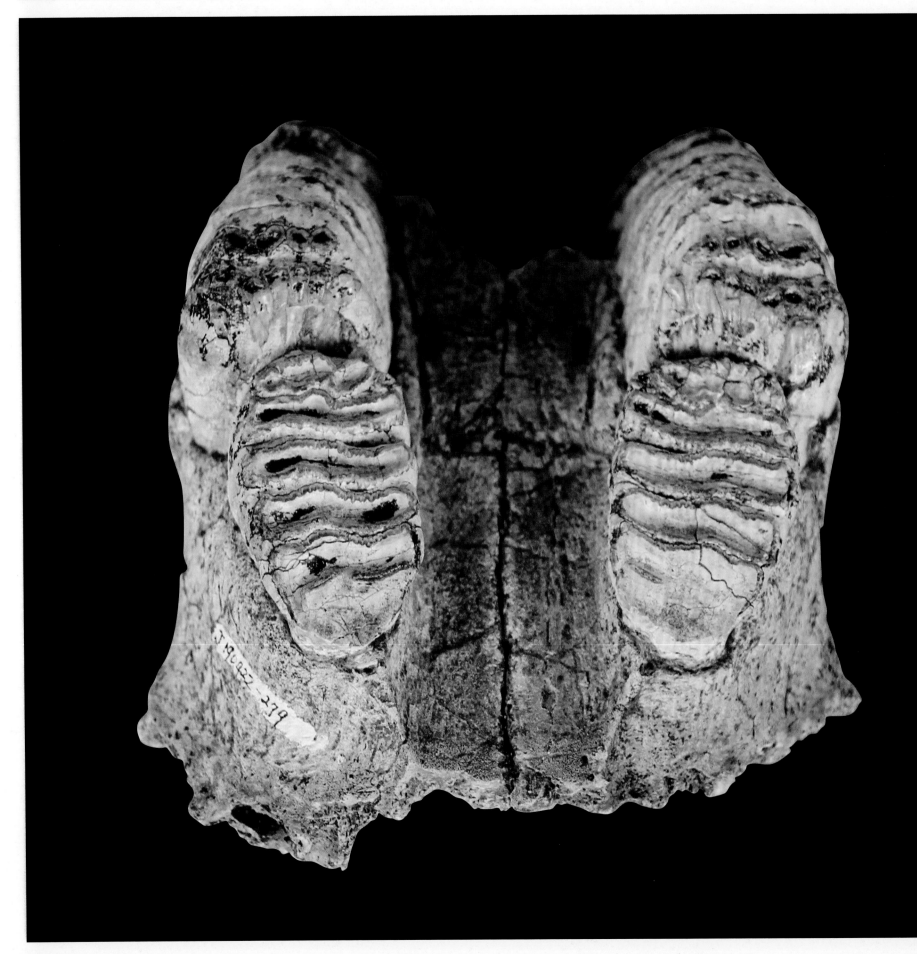

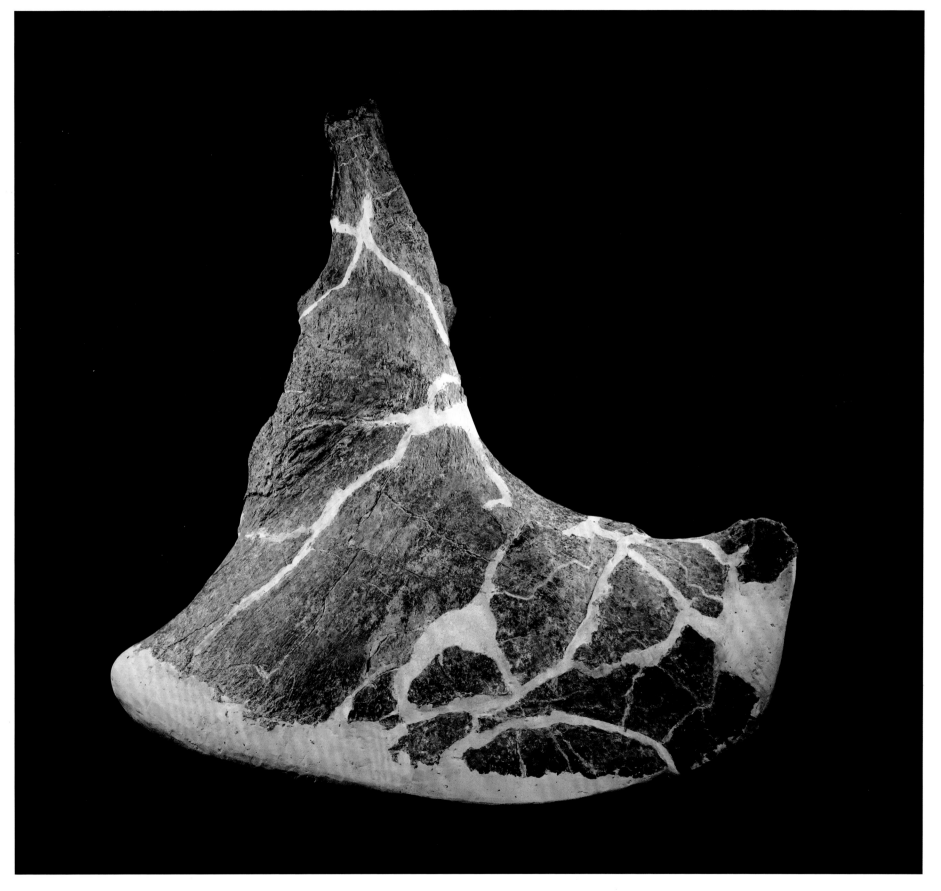

▲ 幼年草原猛犸象的上颌

◀ 草原猛犸象的骨骼化石

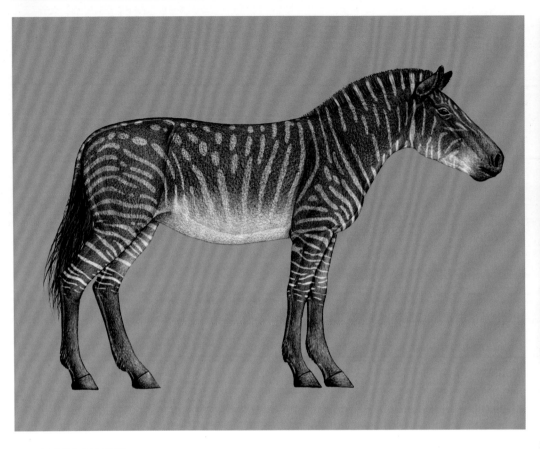

▲ 庆阳马复原图

庆阳马

拉 丁 名：*Equus qingyangensis* Deng et Xue, 1999

产地层位：大连骆驼山金远洞地质剖面第四层

地质时代：早更新世（距今约 160 万～120 万年）

科学意义：庆阳马是早更新世中国北方较为常见的一种真马，金远洞材料是这个种的最靠东分布记录，也是唯一沿海的分布记录。真马事件，即真马首次从北美迁入欧亚大陆，一直被视为第四纪开始的标志。由于庆阳马形态特征原始，与分布在北美的世界最早的真马相近，因此过去很长一段时间里都被认为是欧亚大陆最早出现的真马之一，是真马事件的典型代表。而根据对包括金远洞在内的已知庆阳马材料的年代数据的最新研究，庆阳马的出现时间明显晚于欧亚最早的真马，代表着北美真马向欧亚大陆的第二次扩散事件。

参考文献：Sun B Y, Liu W H, Liu J Y, Liu L, Jin C Z. 2021. *Equus qingyangensis* in Jinyuan Cave and its palaeozoographic significance. Quaternary International, 591: 35-46

▶ 庆阳马的残破头骨

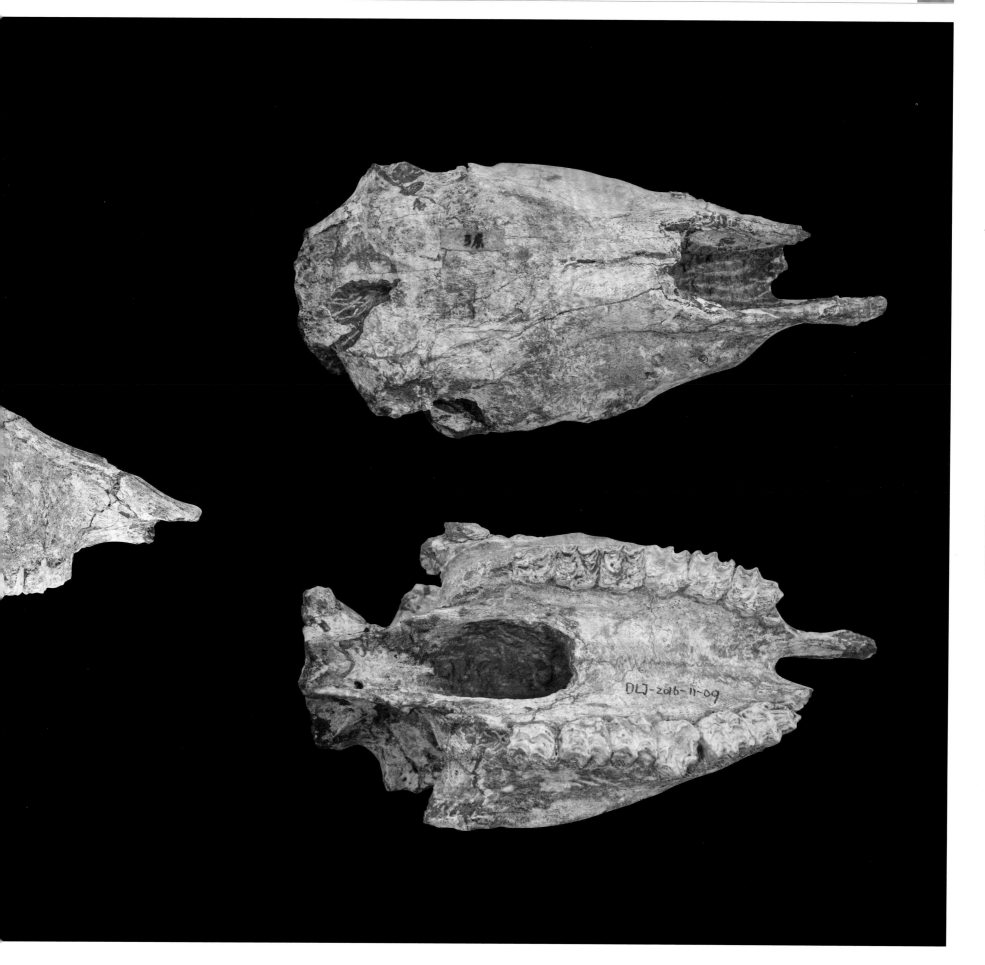

▶ 中国长鼻三趾马下颌

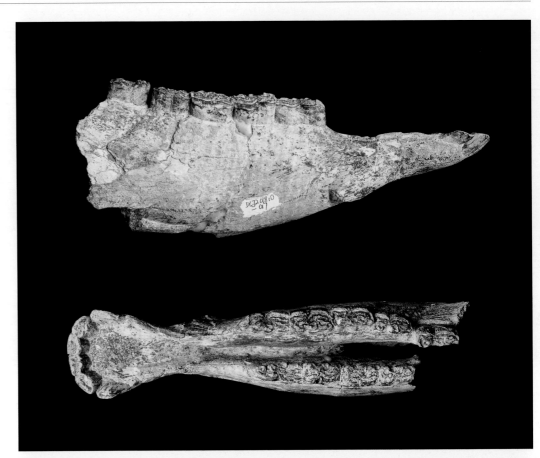

中国长鼻三趾马

拉 丁 名：*Proboscidipparion sinense* Sefve, 1927

产地层位：大连骆驼山金远洞地质剖面第三一五层

地质时代：早更新世（距今约 258 万～100 万年）

科学意义：中国长鼻三趾马是中国第四纪仅有的两种三趾马之一，
　　　　　是欧亚大陆存活至最晚的三趾马，体型接近真马，是世
　　　　　界最大的三趾马之一。中国长鼻三趾马的鼻吻部构造非
　　　　　常奇特，几乎颠覆了人们对马科动物的印象。中国所有
　　　　　已知早更新世哺乳动物化石点中，中国长鼻三趾马几乎
　　　　　始终与真马共生。三趾马与真马相比有诸多劣势，但中
　　　　　国长鼻三趾马凭借着对干旱环境的高度适应，延续的时
　　　　　间已超过了与它同时代的很多种真马，代表了三趾马在
　　　　　灭亡命运降临前最后的顽强抗争。

参考文献：Sun B Y, Liu S Z, Song Y Y, Liu Y, Wang S Q, Shi Q Q,
　　　　　Zhang F J, Wang Y. 2021. *Hipparion* in Luotuo Hill, Dalian,
　　　　　and evolution of latest *Hipparion* in China. Quaternary
　　　　　International, 591: 24-34

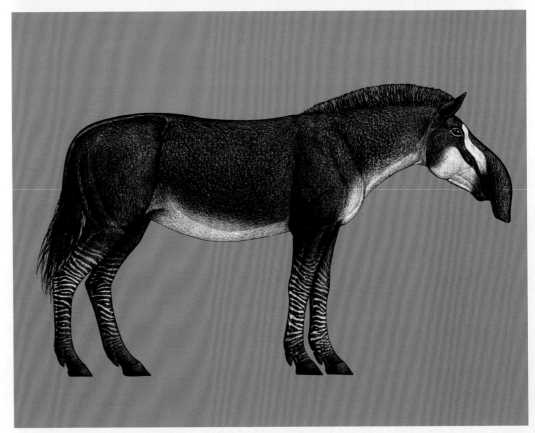

▲ 中国长鼻三趾马复原图

▶ 中国长鼻三趾马上颌

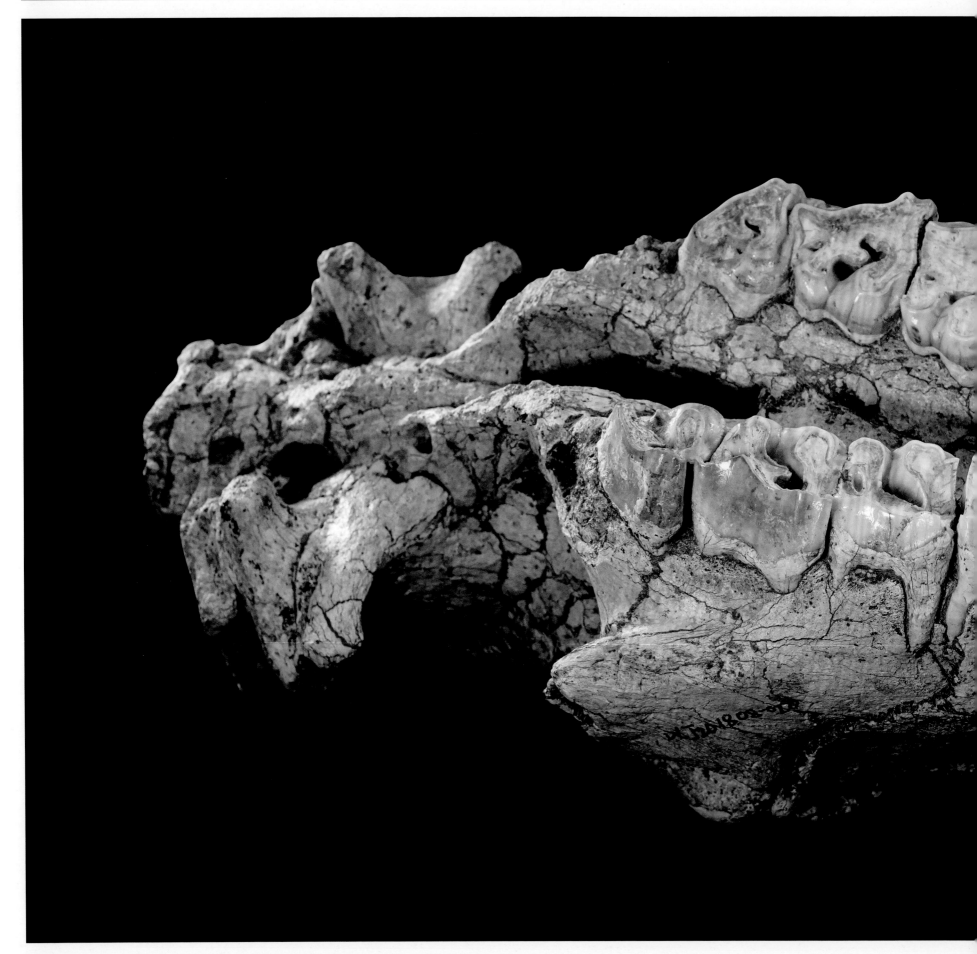

▲ 云簇斯蒂芬犀复原图

云簇斯蒂芬犀

拉 丁 名：*Stephanorhinus yunchuchenensis* (Chow, 1963)

产地层位：大连骆驼山金远洞地质剖面第四—五层

地质时代：早更新世（距今约 258 万～160 万年）

科学意义：更新世中国北方最常见的犀科动物主要包括体型相对粗壮的披毛犀 *Coelodonta* 和相对纤细的斯蒂芬犀 *Stephanorhinus*。斯蒂芬犀中最知名也是记录最广泛的是基希贝格斯蒂芬犀 *Stephanorhinus kirchbergensis*，即俗称的梅氏犀。相比生存时代较晚的基希贝格斯蒂芬犀，中国较早期的斯蒂芬犀报道较少。目前仅有山西榆社的云簇斯蒂芬犀和陕西蓝田的蓝田斯蒂芬犀 *Stephanorhinus lantianensis* 两个明确记录。金远洞的云簇斯蒂芬犀为该种于 1963 年命名并报道之后的首次发现。榆社材料为一雄性个体，而金远洞材料较小，且额角角座极其微弱，显然为一雌性个体。金远洞材料是斯蒂芬犀属早期演化研究的重要补充材料，也为云簇斯蒂芬犀的性双型研究提供了不可或缺的重要依据。

参考文献：周本雄 . 1963. 山西榆社云簇盆地双角犀一新种 . 古脊椎动物与古人类 , 7(4): 325-329

◀ 云簇斯蒂芬犀头骨

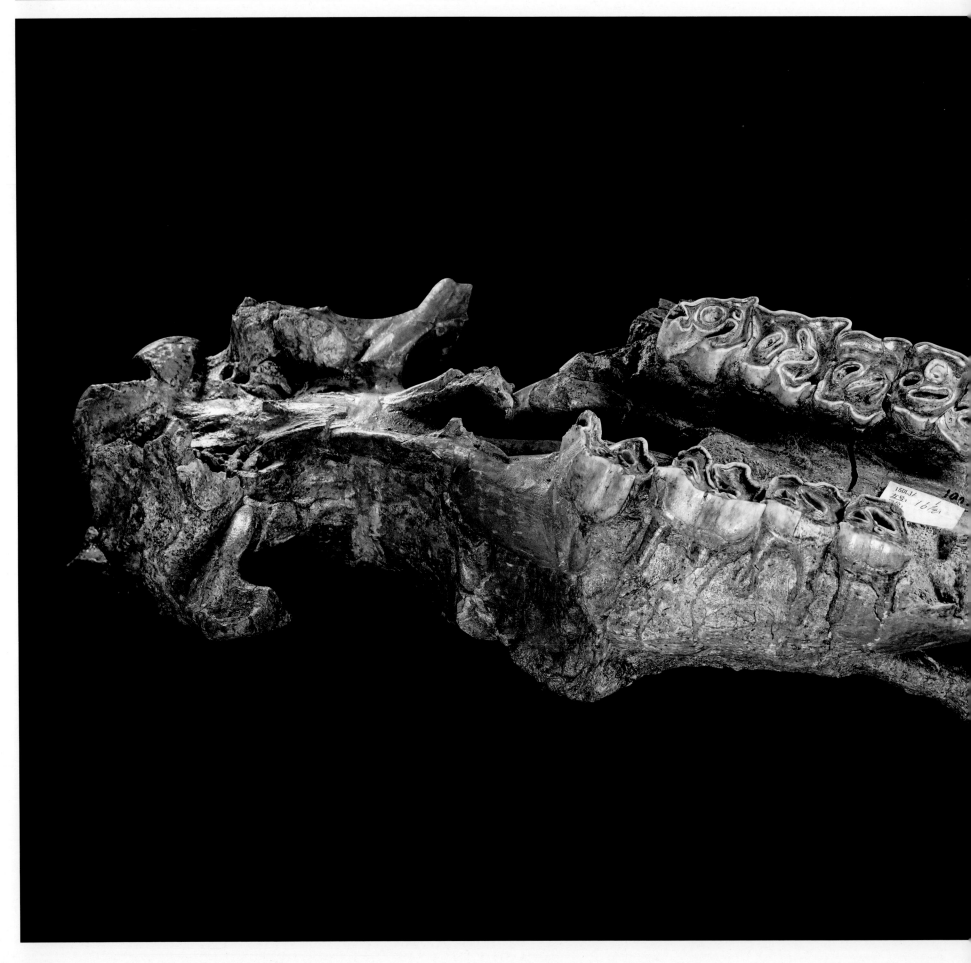

▲ 泥河湾披毛犀复原图

泥河湾披毛犀

拉丁名：*Coelodonta nihowanensis* Kahlke, 1969

产地层位：大连骆驼山金远洞地质剖面第四—五层

地质时代：早更新世（距今约 258 万~160 万年）

科学意义：披毛犀是欧亚大陆古北界地区分布最广、数量最多的犀科动物化石，泥河湾披毛犀之前主要发现于我国华北地区，被认为是更新世晚期最后披毛犀 *Coelodonta antiquitatis* 的祖先类型。大连骆驼山金远洞发现了迄今中国境内保存最完整的泥河湾披毛犀化石，除了成年个体的头骨、下颌骨，还有很多幼年个体的完整标本，为系统研究披毛犀的演化提供了重要的实物。

参考文献：Deng T, Wang X M, Fortelius F, Li Q, Wang Y, Tseng Z J, Takeuchi G T, Saylor J E, Säilä L K, Xie G P. 2011. Out of Tibet: Pliocene woolly rhino suggests high-plateau origin of Ice Age megaherbivores. Science, 333: 1285-1288

◄ 泥河湾披毛犀头骨

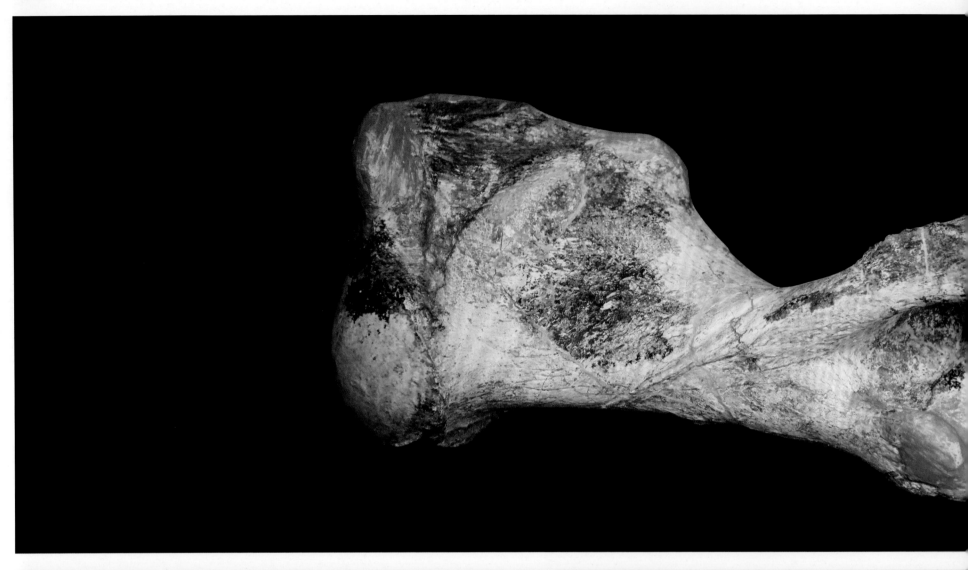

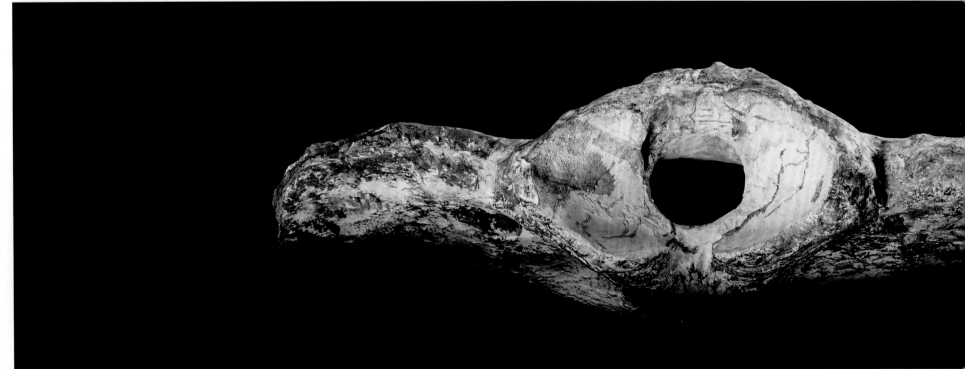

▲ 真板齿犀复原图

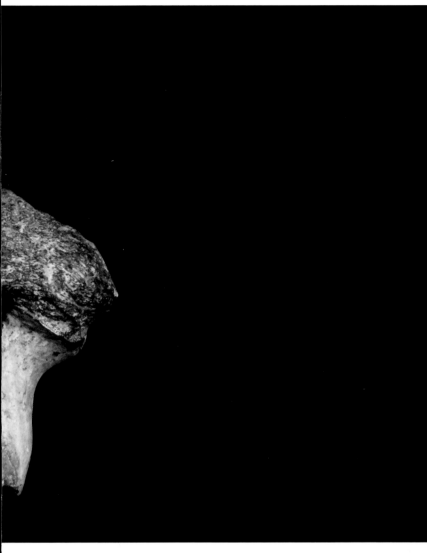

◀ 真板齿犀肱骨

真板齿犀未定种

拉 丁 名：*Elasmotherium* sp.

产地层位：大连骆驼山金远洞地质剖面第四一五层

地质时代：早更新世（距今约 258 万 ~ 160 万年）

科学意义：真板齿犀是更新世生活在欧亚大陆上的一类非常奇特的动物，体型异常魁梧，额头上长有一根巨大的角。目前中国已知的真板齿犀主要分布于河北和山西等地区，材料也较为零散，基本为单个牙齿和肢骨。金远洞材料是中国首次发现的真板齿犀的肱骨和寰椎化石，是对中国真板齿犀材料的重要补充。

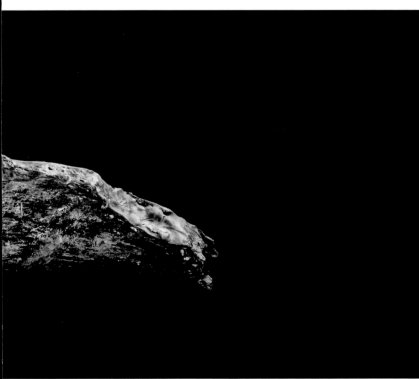

◀ 真板齿犀寰椎

▲ 李氏猪复原图

李氏猪

拉 丁 名：*Sus lydekkeri* Zdansky, 1928

产地层位：大连骆驼山金远洞地质剖面第三一五层

地质时代：早更新世（距今约 258 万～78 万年）

科学意义：李氏猪是奥地利学者师丹斯基（Zdansky）根据周口店北京猿人遗址发现的一些零散牙齿建立的种。种本名源于英国著名古生物学家李德克（Richard Lydekker，或译作"里德克"），其正模标本发现于北京周口店第一地点，后来在沂源、金牛山、蓝田、郧县、西侯度等众多古人类遗址中均有发现，地史分布为早更新世一中更新世的中国北方。李氏猪的系统位置，目前还不是很清楚。学界有观点认为，李氏猪与中国南方的裴氏猪 *Sus peii* 很可能是同一物种的不同地理亚种，共同构成现生野猪的祖先。金远洞发现了数量极其丰富的李氏猪化石，填补了东北地区早更新世李氏猪分布的空白；其与现生野猪东北亚种 *Sus scrofa ussuricus* 形态的高度相似性，为探讨现生野猪起源、扩散提供了重要依据。

参考文献：Liu W H, Dong W, Zhang L M, Zhao W J, Li K Q. 2017. New material of Early Pleistocene *Sus* (Artiodactyla, Mammalia) from Yangshuizhan in Nihewan Basin, North China. Quaternary International, 434: 32-47

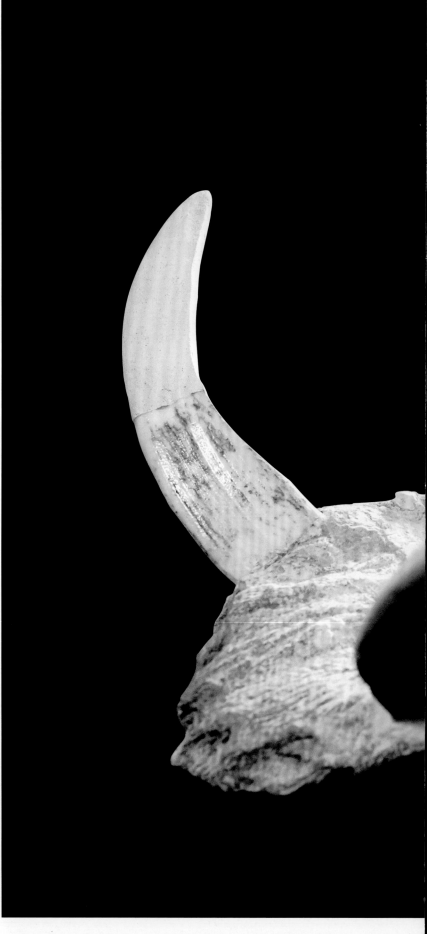

▶ 李氏猪下颌骨

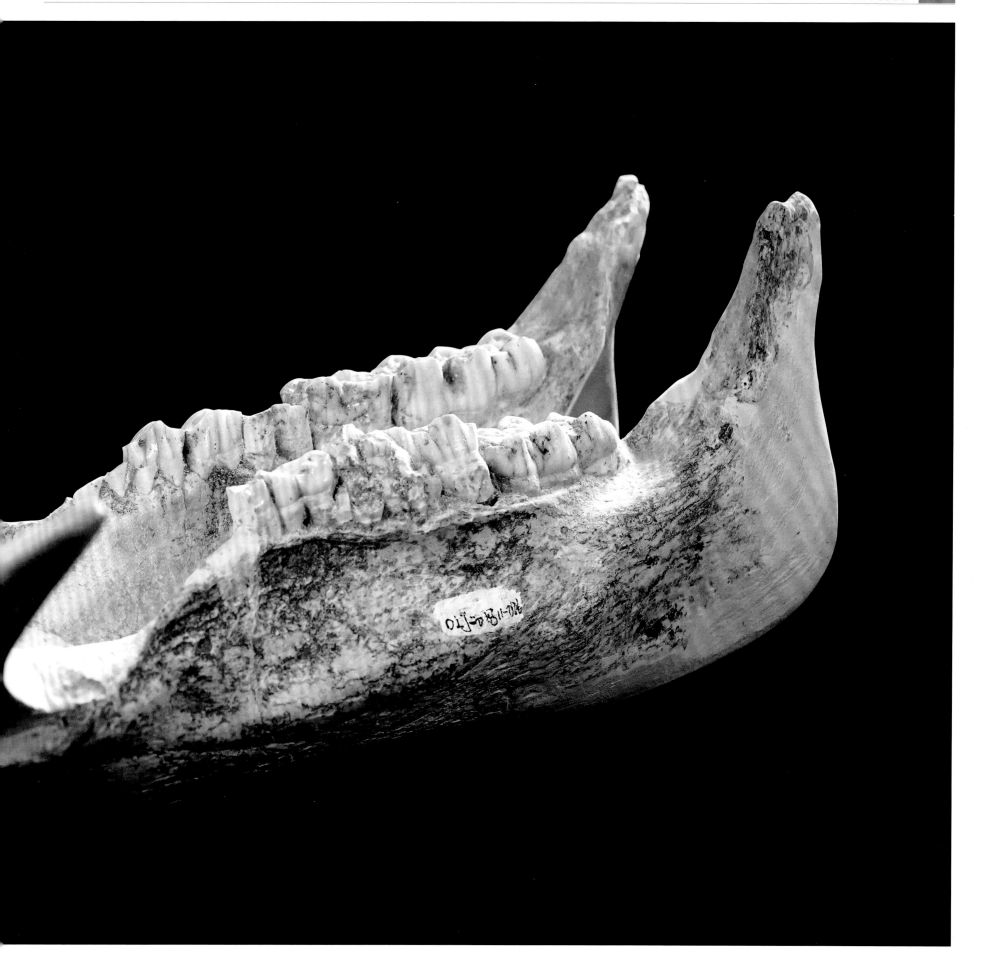

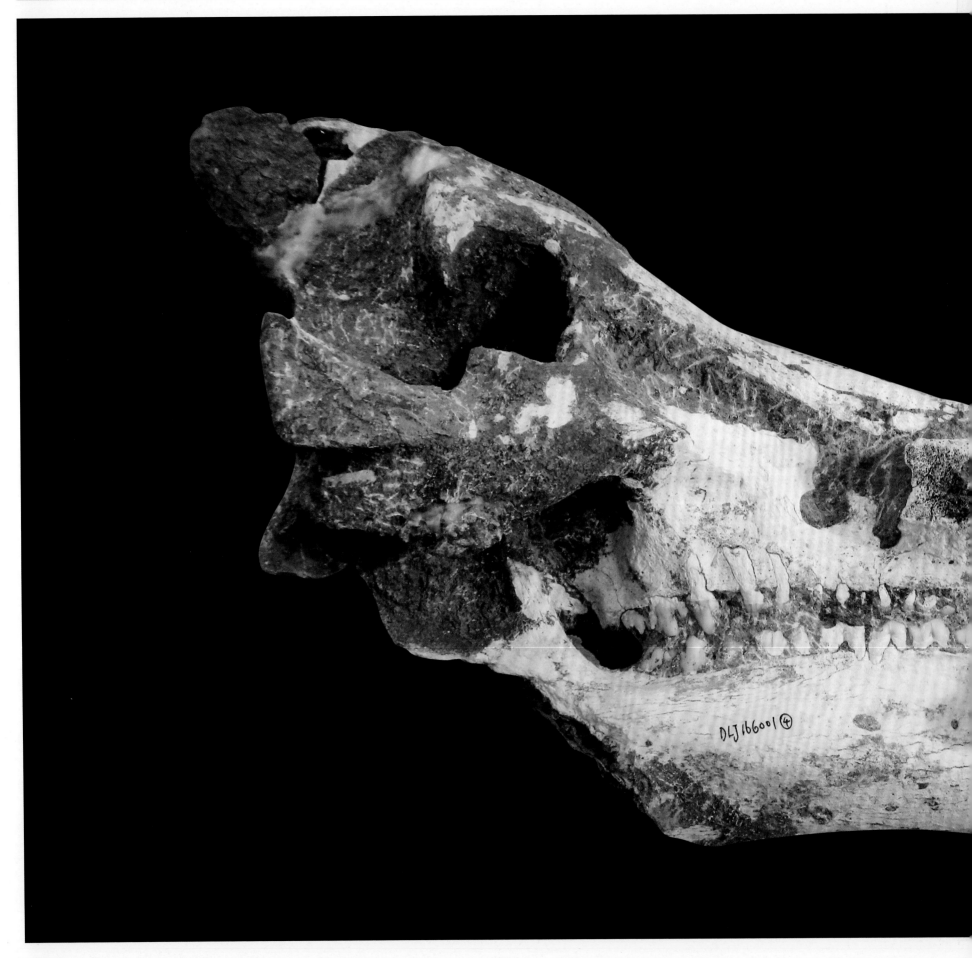

猪属未定种

拉 丁 名：*Sus* sp.

产地层位：大连骆驼山金远洞地质剖面第四层

地质时代：早更新世（距今约 160 万～120 万年）

科学意义：这是非常罕见的早更新世猪类头骨化石。更新世猪类化
石多为零散的上下颌，由于其牙齿高度相似，更新世猪
类的分类、演化历史模糊不清。金远洞发现的这件头骨，
保存了相当完整的枕部和颅底，与周口店和泥河湾的李
氏猪头骨显著有别，很可能代表了猪属一新种。

◀ 猪类头骨

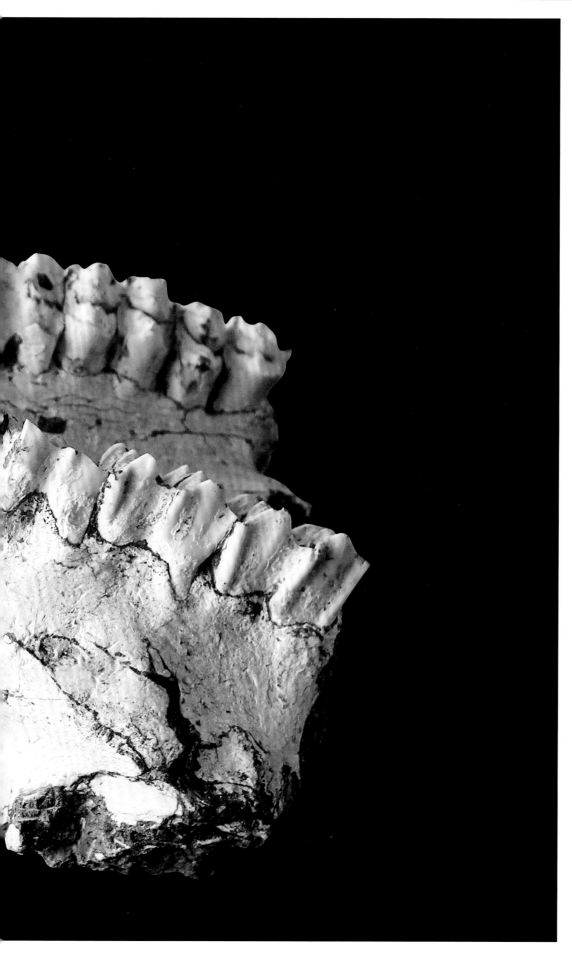

巨副骆驼

拉 丁 名：*Paracamelus gigas* Schlosser, 1903

产地层位：大连骆驼山金远洞地质剖面第四层下部

地质时代：早更新世（距今约 180 万~160 万年）

科学意义：副骆驼是旧大陆骆驼科的唯一化石属，一般认为是现生骆驼属 *Camelus* 的祖先。巨副骆驼是副骆驼属的模式种，以德国旅行家从中国中药铺获得的两颗臼齿为正模。该属内建有近十个种，广泛分布于北美阿拉斯加、欧亚大陆北部及非洲乍得的广大地区，距今约 800 万~70 万年。遗憾的是，绝大多数种材料十分有限，性质不明确。相比副骆驼属内的其他种，巨副骆驼的发现稍多，但也极为零散。山西东南部榆社等地发现稍集中，但从高庄组（距今约 550 万年）延续至海眼组（距今约 250 万年），各地点材料又少，性质存疑。在金远洞首次发现的带完整上齿列的巨副骆驼，无可辩驳地证明了副骆驼属的有效性。此外，金远洞还发现了数量丰富的头后骨骼化石，数量相当于过去 100 年发现的总和，极大丰富了对巨副骆驼甚至副骆驼属的认识，对研究巨副骆驼的演化和绝灭，明晰巨副骆驼与北美洲几类巨型骆驼的谱系关系，探讨现代骆驼的起源与迁徙，辽东半岛环境演变等，有极大的科学意义。骆驼山金远洞的巨副骆驼是地球上存在过的体型最大的骆驼，其生存演化及生态适应，是非常有趣的科学问题。

参考文献：Jin C Z, Wang Y, Liu J Y, Ge J Y, Zhao B, Liu J Y, Zhang H W, Shao Q F, Gao C L, Zhao K L, Sun B Y, Qin C, Song Y Y, Jiangzuo Q G. 2021. Late Cenozoic mammalian faunal evolution from Jinyuan Cave at Luotuo Hill from Dalian, Northeast China. Quaternary International, 577: 15-28

◀ 巨副骆驼头骨前部

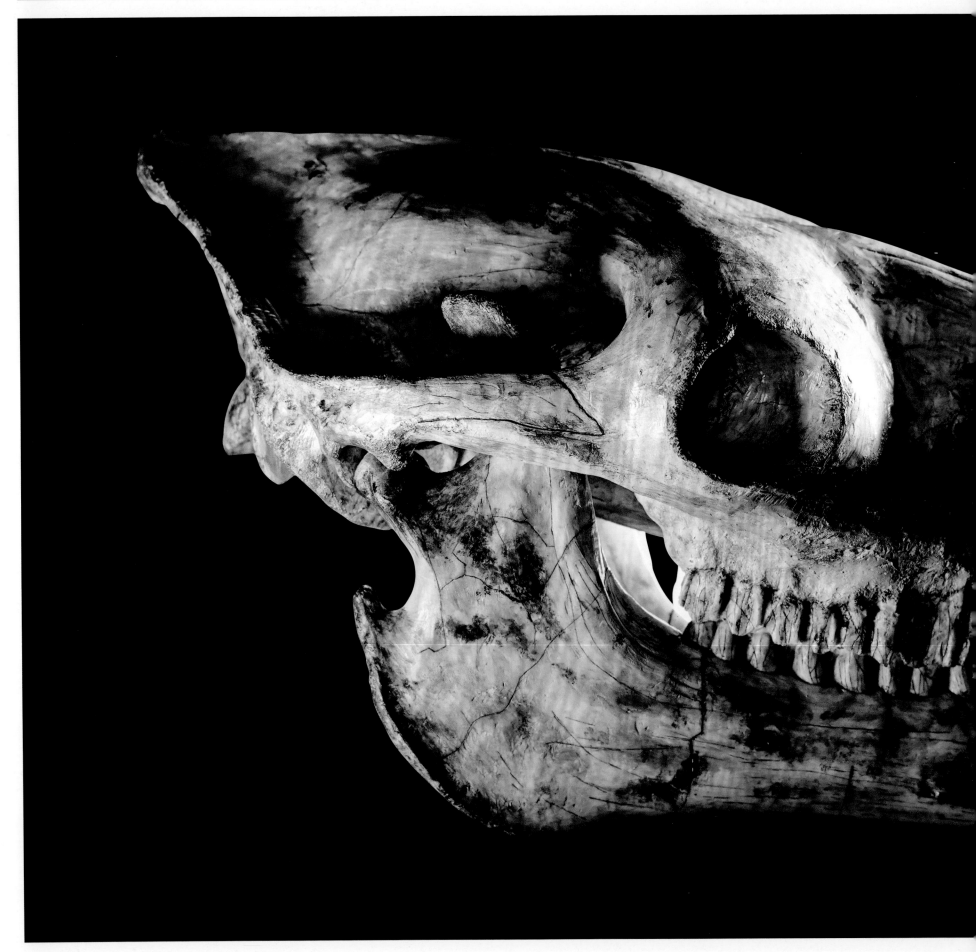

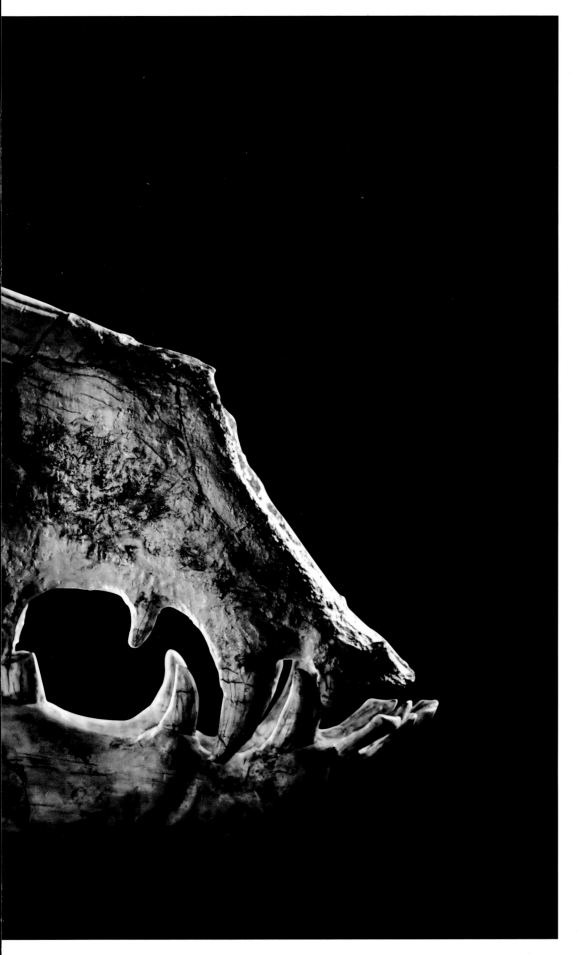

◀ 巨副骆驼头骨复原模型

金普巨副骆驼生境复原图

葛氏斑鹿复原图

◀ 葛氏斑鹿角

葛氏斑鹿

拉　丁　名：*Cervus (Sika) grayi* (Zdansky, 1925)

产地层位：大连骆驼山金远洞地质剖面第二层

地质时代：中更新世（距今约 50 万年）

科学意义：葛氏斑鹿是根据山西长治、垣曲等地的鹿角和颌骨残块
建立的种，随后在周口店第一地点和第九地点、南京人
地点、金牛山人地点等地都有发现，广泛分布在中国北
方更新世地层中。在金远洞上部的中更新世地层中发现
了丰富的葛氏斑鹿化石，临近的望海洞中更新世堆积中
则有丰富的肿骨鹿，二者之间少有共存，这种情况与周
口店第一地点不同，其中原因还需探讨。另外，这些葛
氏斑鹿，与金远洞下层早更新世的大斑鹿 *Cervus (Sika)
magnus*，以及附近里坨子望海洞的北京斑鹿，构成了更
新世斑鹿演化的完整序列。

参考文献：Dong W, Jin C, Zheng L, Sun C, Lu J, Xu Q. 2006.
Artiodactylia from the Jinpendong site in Wuhu, Anhui
Province. Acta Anthropologica Sinica, 25(02): 161-171

▲ 山西轴鹿角

山西轴鹿

拉　丁　名：*Axis shansius* Teilhard de Chardin et Trassaert, 1937

产地层位：大连骆驼山金远洞地质剖面第四—五层

地质时代：早更新世（距今约 210 万～180 万年）

科学意义：轴鹿是现生属，现生仅存一种白斑轴鹿 *Axis axis*，分布于南亚和东南亚，
中国未见。山西轴鹿是化石种，根据山西榆社盆地的几件鹿角标本命名，
后来陆续在山西西侯度、陕西蓝田、云南元谋、南京驼子洞等地发现。而
金远洞的发现，使山西轴鹿的地理分布范围进一步扩大到东北，对探讨轴
鹿演化迁徙及动物地理发展变化具有重要意义。

参考文献：白炜鹏，董为，刘金远，王元，金昌柱，刘思昭，刘丽. 2017. 山西轴鹿（哺
乳动物纲，偶蹄目）的新材料及轴鹿的演化探讨. 第四纪研究, 37 (4): 821-
827

◀ 山西轴鹿复原图

▲ 古中华野牛复原图

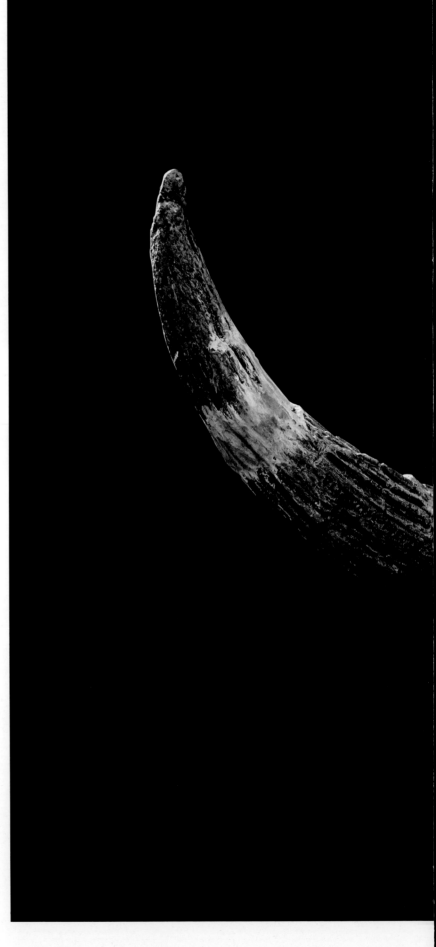

古中华野牛

拉 丁 名：*Bison palaeosinensis* Teilhard de Chardin et Piveteau, 1930

产地层位：大连骆驼山金远洞地质剖面第四—五层

地质时代：早更新世（距今约 210 万 ~ 160 万年）

科学意义：古中华野牛是根据河北泥河湾盆地下沙沟丰富标本建立的种，后来在中国北方
许多地点都有报道，但材料比较零星。这种牛的牙齿特征接近丽牛 *Leptobos* 而
非后期的野牛 *Bison*；而根据最近的分子生物学研究，青藏高原的牦牛可能起源
于野牛。东北地区晚更新世有大量野牛化石，但古中华野牛是首次发现，将成
为研究丽牛与野牛关系及牦牛起源等问题的关键材料。

▶ 古中华野牛角心

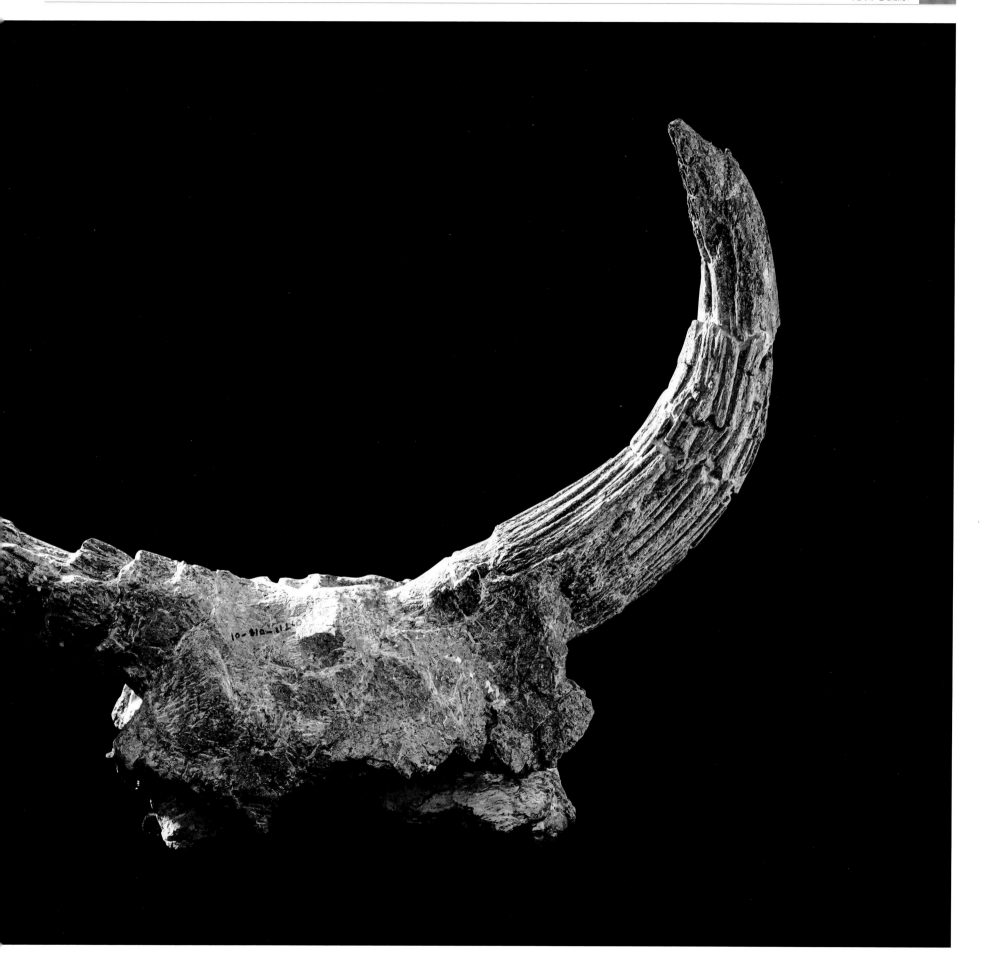

▲ 麝牛未定种复原图

麝牛未定种

拉　丁　名：*Ovibos* sp.

产地层位：大连骆驼山金远洞地质剖面第二层

地质时代：中更新世（距今约 50 万年）

科学意义：这是在中国发现的麝牛类新成员，研究工作正在进行。麝牛类是很特化的一类牛科动物，形态上介于牛、羊之间，其系统关系目前极具争议。传统上认为现生羚牛和麝牛亲缘关系较近，而分子生物学则认为二者不构成姐妹群。现生羚牛仅在中国和不丹有少量种群，为国家一级重点保护野生动物，其化石在中国更新世地层有少量发现；现生麝牛仅存在于北美，化石在欧洲也有发现，更新世时期应为广布欧亚大陆北部的动物。大连骆驼山发现的麝牛化石是中国的首次记录，而且该标本保存完整，对研究羚牛与麝牛的关系具有重要意义。

▶ 麝牛头骨

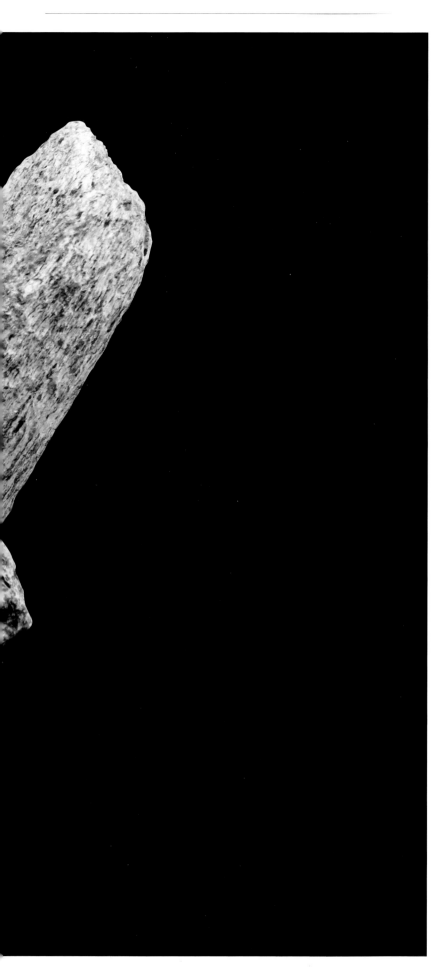

▲ 金氏原两栖牛复原图

金氏原两栖牛

拉 丁 名：*Proamphibos jinni* Liu et al., 2022

产地层位：大连骆驼山金远洞地质剖面第五层

地质时代：早更新世早期（距今约 220 万～200 万年）

科学意义：原两栖牛是比较原始的牛类，处于水牛支系的基干位置。这类动物的遗存最初发现于南亚的西瓦利克（Siwalik），后来在尼泊尔和缅甸也有少量发现。总的来看，其已知的分布集中在南亚和东南亚低纬度地区。骆驼山金远洞的金氏原两栖牛是中国首次发现这类动物，是这个属的最北记录，大大扩大了其分布范围。金氏原两栖牛体型较其南亚和东南亚近亲的偏大，应是贝格曼法则的影响。金氏原两栖牛应是中国北方水牛的祖先型，中国北方是亚洲南部之外的另一个水牛演化中心。

参考文献：Liu W H, Wang Y, Dai X C, Liu S Z. 2022. *Proamphibos jinni* sp. nov., the earliest Bubalina (Bovidae, Mammalia) of Northeast Asia from the Early Pleistocene of Jinyuan Cave site, Jinpu, Northeast China. Historical Biology. Under review.

◀ 金氏原两栖牛头骨

▲ 中国山羊未定种复原图

中国山羊未定种

拉　丁　名：*Sinocapra* sp.

产地层位：大连骆驼山金远洞地质剖面第四层

地质时代：早更新世（距今约 180 万～120 万年）

科学意义：更新世山羊化石在中国发现极少，金远洞标本是山羊类完整头骨首次发现，其
　　　　　形态最接近榆社盆地晚上新世的中国山羊 *Sinocapra*。榆社盆地的中国山羊，仅
　　　　　有几件角心，具体演化关系还不明确。金远洞的山羊角比榆社者粗大，应代表
　　　　　一新种，对于探索山羊的起源、演化具有重要意义。

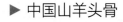 ▶ 中国山羊头骨

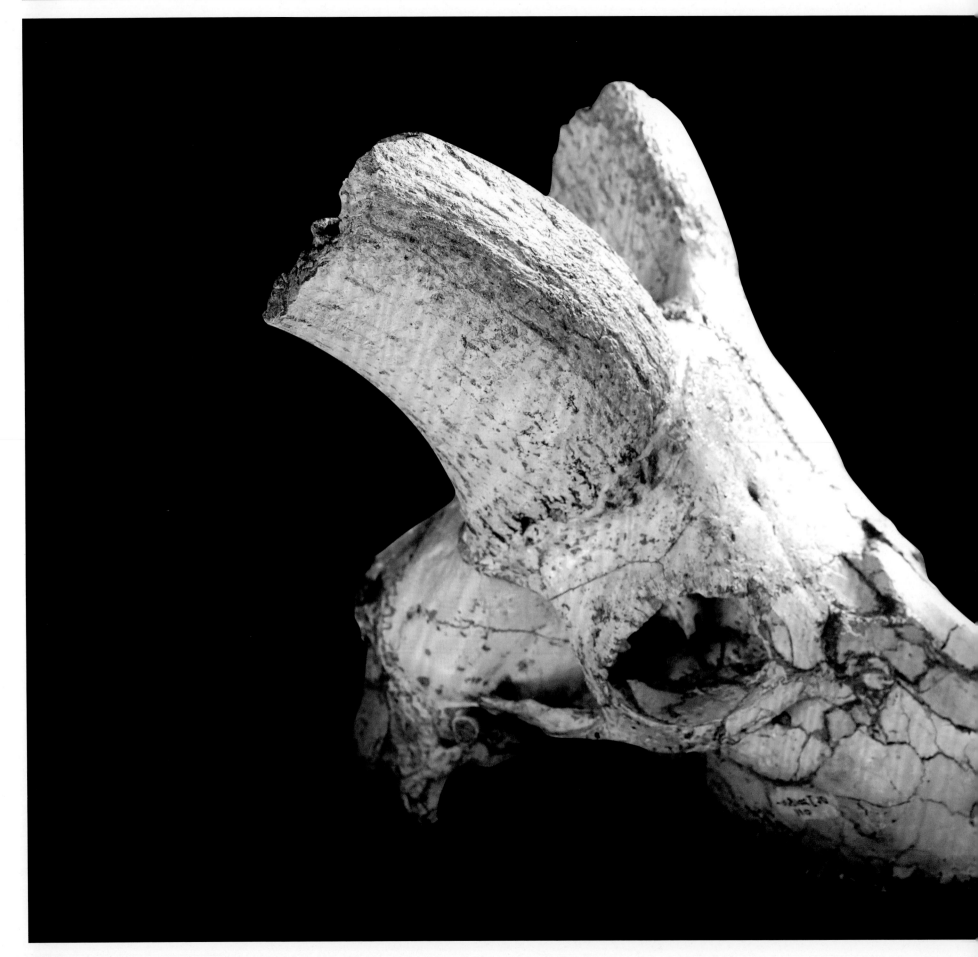

▲ 山东绵羊复原图

山东绵羊

拉 丁 名：*Ovis shantungensis* (Matsumoto, 1926)

产地层位：大连骆驼山金远洞地质剖面第四层

地质时代：早更新世（距今约 180 万～120 万年）

科学意义：山东绵羊是日本人松本根据山东发现的头骨建立，当时作为现生绵羊的亚种，地层及时代不详，推测为更新世。1930 年德日进等在研究泥河湾标本时，将其归入山东绵羊，并提升为种。1938 年研究榆社绵羊标本时，德日进又提出泥河湾标本与典型山东绵羊形态有所区别，时代也应更早，可惜没有进一步研究。泥河湾等早更新世绵羊的归属，从此悬而未决。金远洞发现的绵羊标本数量丰富、保存完整，与泥河湾标本可比。地理上山东半岛与辽东半岛之间在早更新世时期可以通过庙岛陆桥相通，无疑将为解决早更新世绵羊分类及现生绵羊起源提供难得契机。

参考文献：Jin C Z, Wang Y, Liu J Y, Ge J Y, Zhao B, Liu J Y, Zhang H W, Shao Q F, Gao C L, Zhao K L, Sun B Y, Qin C, Song Y Y, Jiangzuo Q G. 2021. Late Cenozoic mammalian faunal evolution from Jinyuan Cave at Luotuo Hill from Dalian, Northeast China. Quaternary International, 577: 15-28

◀ 山东绵羊头骨

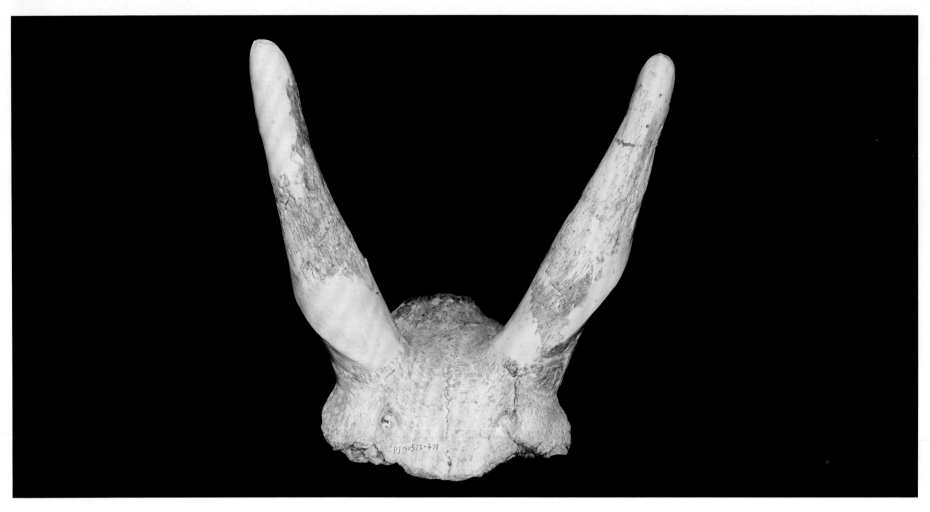

▲ 翁氏转角羚羊头骨

翁氏转角羚羊

拉 丁 名： *Spirocerus wongi* Teilhard de Chardin et Piveteau, 1930

产地层位： 大连骆驼山金远洞地质剖面第四层

地质时代： 早更新世（距今约 180 万 ~ 120 万年）

科学意义： 翁氏转角羚羊是根据河北泥河湾的一些头骨材料建立的种。转角羚羊是更新世期间在欧亚大陆非常繁盛的一类羚羊，其角心旋转的特征很容易使人联想起现在非洲的薮羚 *Tragelaphus* 和大羚羊 *Taurotragus*，不过，这两属在分类学上归入洞角科的牛亚科，而转角羚羊属于洞角科的羚羊亚科，现已绝灭。中国发现和命名的转角羚羊还有裴氏转角羚羊、许家窑转角羚羊和恰克图转角羚羊，这几者之间的关系仍需要进一步研究。

参考文献： Jin C Z, Wang Y, Liu J Y, Ge J Y, Zhao B, Liu J Y, Zhang H W, Shao Q F, Gao C L, Zhao K L, Sun B Y, Qin C, Song Y Y, Jiangzuo Q G. 2021. Late Cenozoic mammalian faunal evolution from Jinyuan Cave at Luotuo Hill from Dalian, Northeast China. Quaternary International, 577: 15-28

◀ 翁氏转角羚羊复原图

中国羚羊

拉 丁 名： *Gazella sinensis* Teilhard de Chardin et Piveteau, 1930

产地层位： 大连骆驼山金远洞地质剖面第四层

地质时代： 早更新世（距今约 180 万～120 万年）

科学意义： 金远洞下部发现了丰富的 *Gazella* 化石，除图示的中国羚羊外，还有步氏羚羊 *G. blacki* 和 *G. paragutturosa* 等，不仅种类多，数量也非常可观，构成生态群落中庞大的草食群体。中更新世以后，*Gazella* 数量衰减，应与环境变化有密切关系。

参考文献： Jin C Z, Wang Y, Liu J Y, Ge J Y, Zhao B, Liu J Y, Zhang H W, Shao Q F, Gao C L, Zhao K L, Sun B Y, Qin C, Song Y Y, Jiangzuo Q G. 2021. Late Cenozoic mammalian faunal evolution from Jinyuan Cave at Luotuo Hill from Dalian, Northeast China. Quaternary International, 577: 15-28

▶ 中国羚羊复原图

▼ 中国羚羊角心

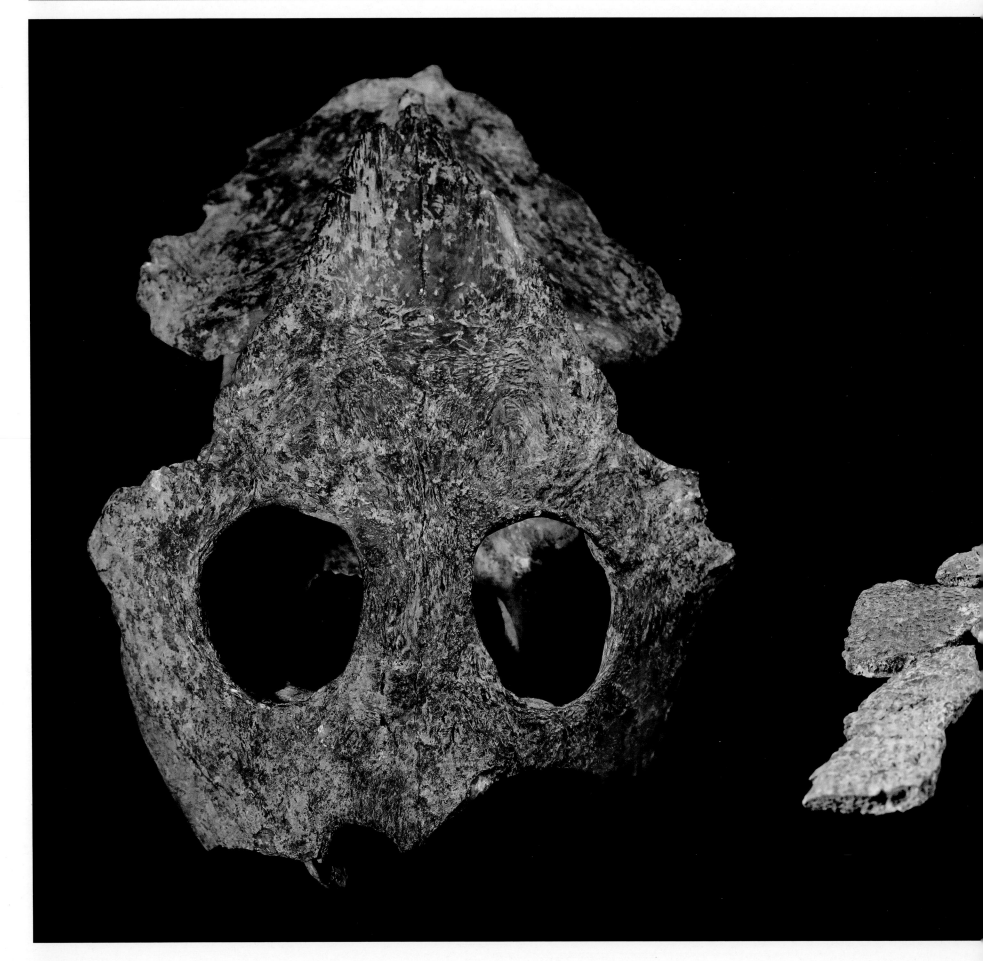

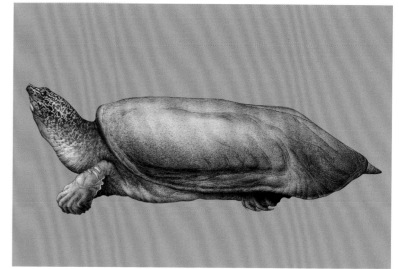

▲ 斑鳖复原图

大型鳖类——斑鳖

　　金远洞的标本是中国北方第四系地层中发现的唯一鳖科化石，也是新近纪以来中国发现的体型最大的鳖类化石，代表了该类群的最早地史记录和最北分布记录。该标本的形态特征与濒危的现生种——斑鳖（*Rafetus swinhoei*）最为相似，它们生存于热带和亚热带的湖泊或河流中。

◀ 斑鳖头骨和鳖壳

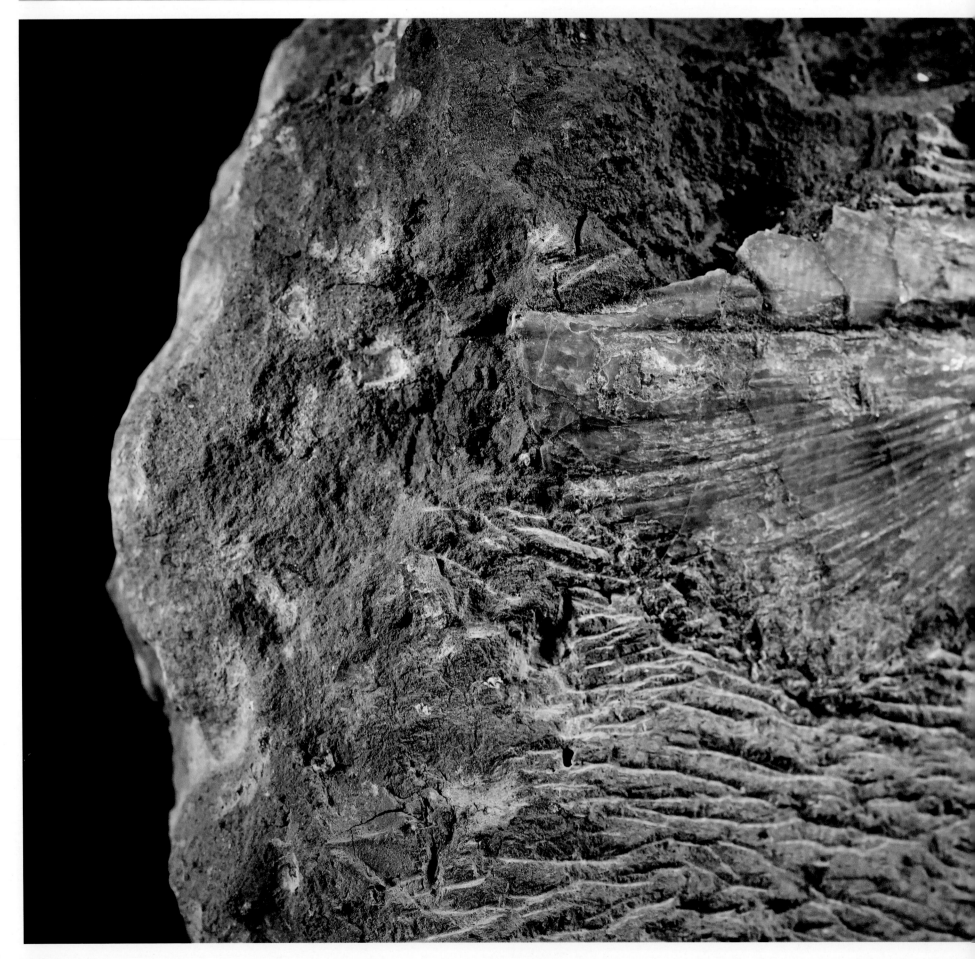

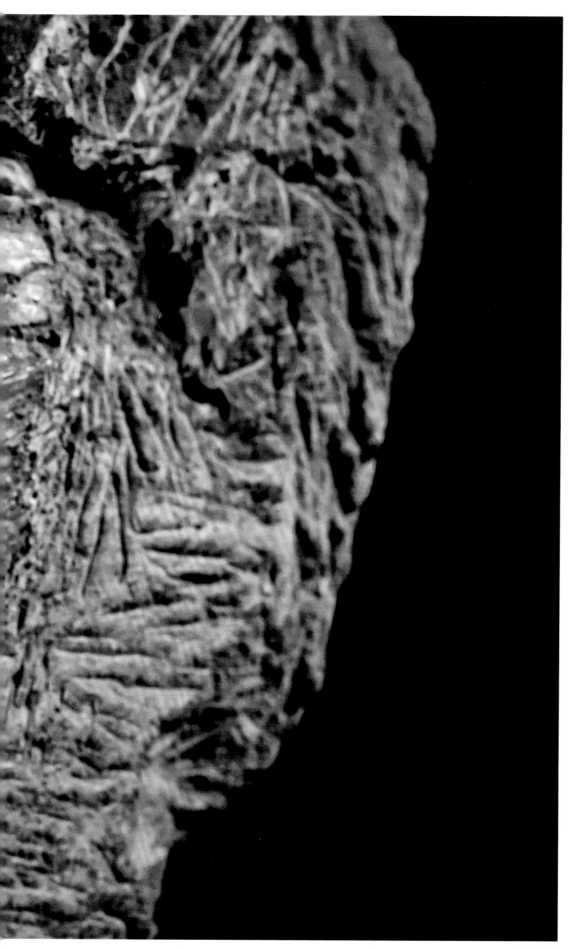

▲ 青鱼复原图

青鱼化石

青鱼（*Mylopharyngodon piceus*）是鲤科、青鱼属鱼类。体长可达 145 厘米，通常栖息在淡水的中下层，广泛分布于欧亚大陆和北美地区。

在金远洞堆积第 5 层中发现了大型鱼化石，鱼化石在山洞里，蕴藏的信息量很大：说明骆驼山一带有过数次的海进海退。

◀ 青鱼牙齿化石

▲ 厚鸵鸟复原图

大型鸵鸟——厚鸵鸟

　　金远洞的大型鸵鸟化石可归入欧亚大陆早更新世的厚鸵鸟属（*Pachystruthio*），该鸵鸟的体型至少是现代鸵鸟的两倍，可能是所有鸵鸟中体型最大的，同时证明了早更新世时期，大型鸵鸟曾经扩散至我国东北地区。

▶ 厚鸵鸟骨骼化石

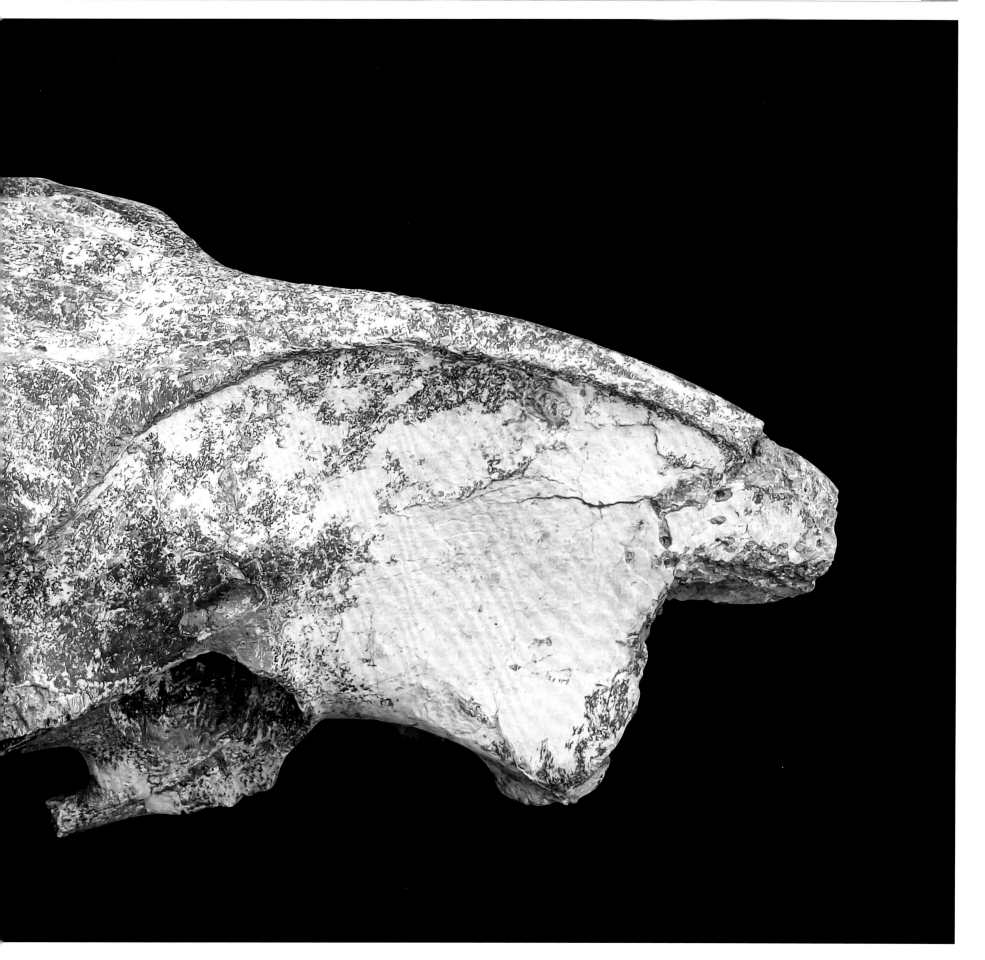

金远洞发现的化石密集胶结块。动物骨骼、牙床等密密麻麻地互相堆积在一起，主要是鹿和野猪的骨化石。自然情况下，动物化石保存在土层中不会如此破碎，即使破碎也不会出现如此多的碎骨。在同一个层面中还发现了在灰岩地层中不应该出现的石英砂岩等。

金远洞聚集埋藏的哺乳动物化石

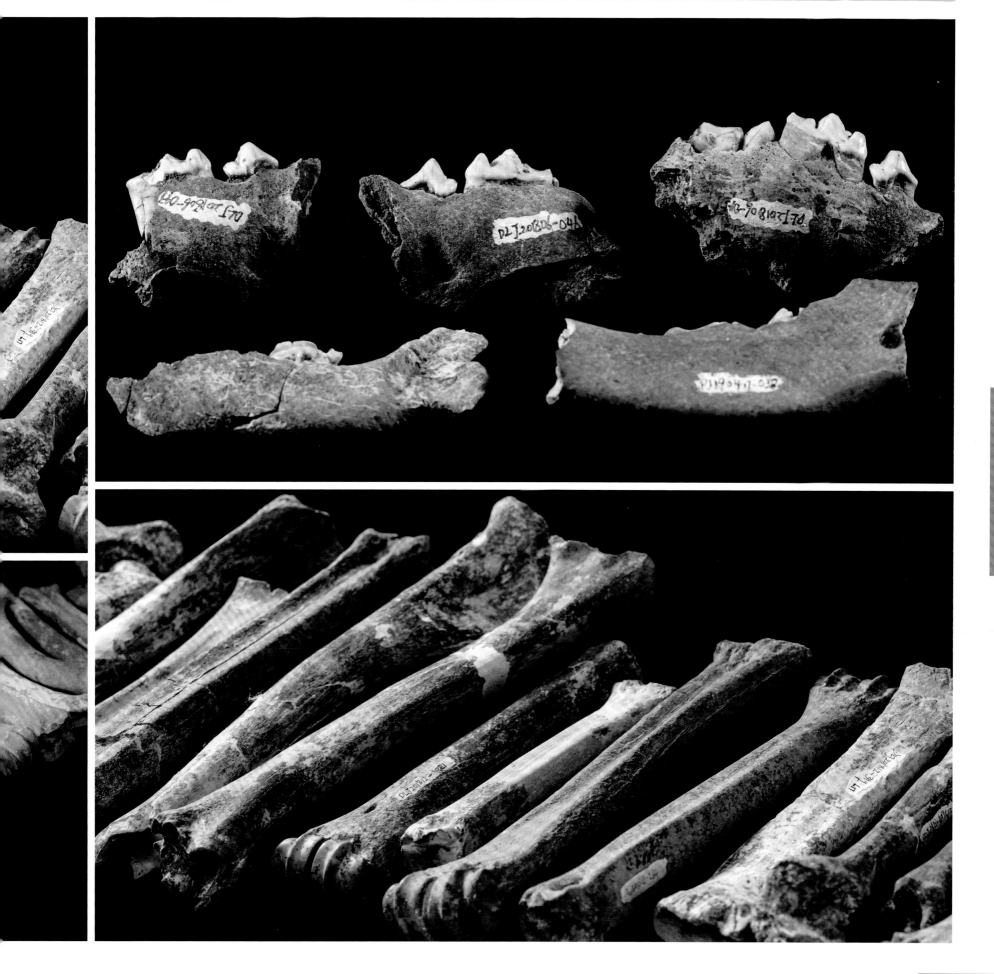

金远洞顶部堆积中火塘遗迹周围出土的疑似石器，中科院
古椎所黄慰文研究员认定，它们属于旧石器时期。

▶ 金远洞堆积中出现的旧石器文化遗迹层，在红土堆积中突然发现一些不应该出现在这里的类似砍砸器、刮削器的砾石。

2021 年从金远洞上部堆积发掘出来的疑似骨器。

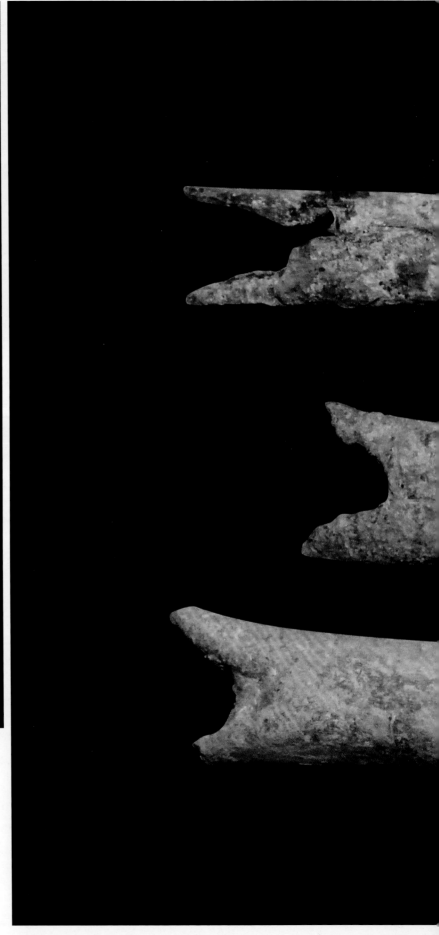

这些小动物胫骨的骨器形状比较醒目，很像一个叉子，而且竟然有12件之多，绝不是偶然的，非常可能是古人类所为。

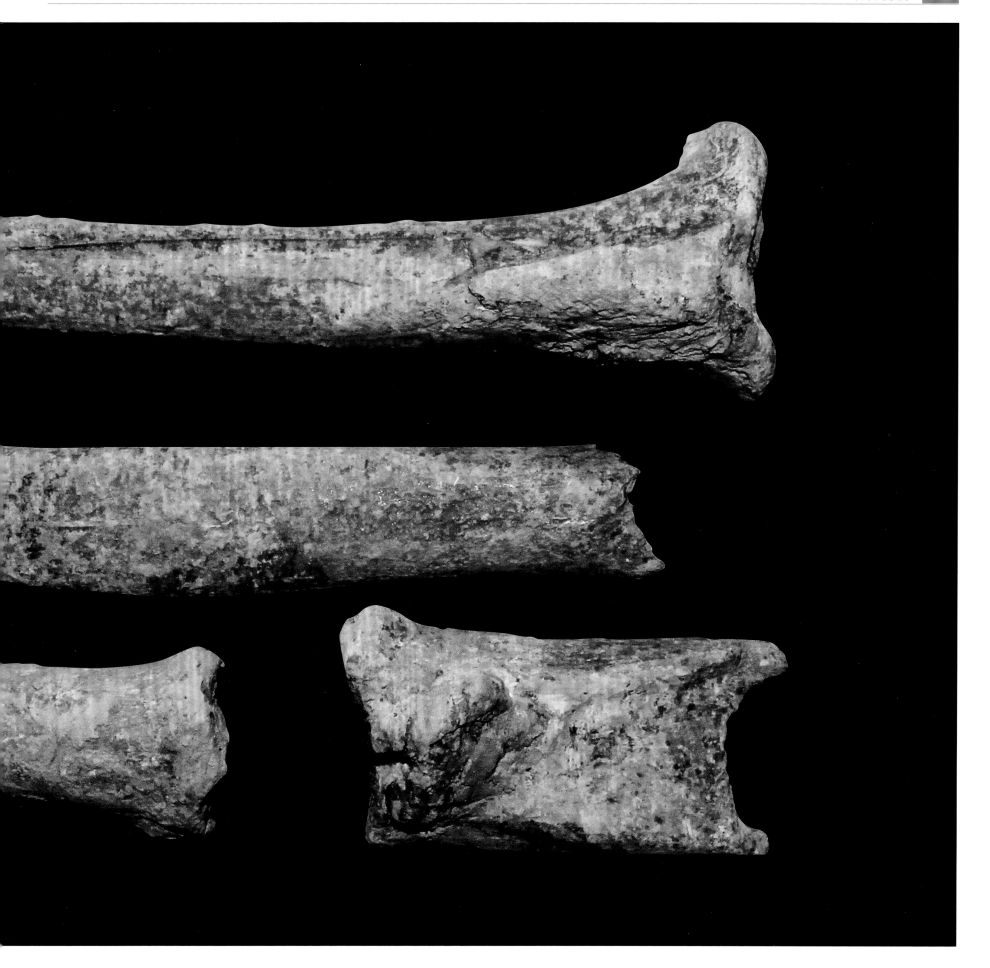

交流与鼓励

▲ 意大利卡梅里诺大学（University of Camerino, Italy）古生物学系马尔科·彼得·费雷蒂（Marco Peter Ferretti）博士（右）和中科院古脊椎所王元博士（左），共同研究骆驼山金远洞的长鼻类化石。

▲ 2015年7月，中科院古脊椎所黄慰文研究员（右三）为周忠和院士（左一）、自然资源部国家古生物化石专家委员会办公室王丽霞副主任（右一）等专家介绍金远洞发现的石制品。

▲ 2015年7月，周忠和（左二）、朱日祥（右二）和郭正堂（右一）三位中科院院士在骆驼山考察并现场听取金昌柱研究员（左一）介绍金远洞发掘情况。

▲ 2015 年 7 月,中科院院士考察团在骆驼山金远洞与发掘队员合影。

▶ 中国科学院大学王昌隧教授(中)和复旦大学胡耀武教授(左)考察骆驼山。

◀ 2015 年 7 月,中科院院士周忠和(右二)、朱日祥(左二)以及时任国家自然科学基金委员会地学部常务副主任柴育成教授(左一)等专家考察骆驼山金远洞。

▶ 金远洞发掘现场。

▶ 中国地质大学（武汉）赖旭龙副校长（左一）参观指导发掘工作。

▲ 中科院地质与地球物理研究所袁宝印研究员（左）与金昌柱研究员（右）在骆驼山周边考察。

◀ 2019 年 7 月，时任大连普湾经济区管委会规划局张宝昌副局长（右一）、林矿海洋处律升处长（右二）与中国国家博物馆刘文晖博士（左一）讨论问题。

▲ 中科院古脊椎所古环境研究室主任李小强研究员（左一）考察骆驼山遗址，并与金昌柱研究员（右一）热烈讨论。

◀ 中国台湾台中自然科学博物馆地质学部主任张钧翔研究员（左二）在中科院古脊椎所金昌柱研究员（右二）陪同下考察骆驼山遗址。

▶ 中科院地质与地球物理研究所邓成龙研究员（右一）考察骆驼山金远洞，并系统采集古地磁测年样品。

2019 年初，在北京的中科院古脊椎所召开大连骆驼山学术研讨会，与会专家积极发言，热烈讨论。

▲ 捷克科学院地质研究所和捷克国家博物馆扬·瓦格纳（Jan Wagner）研究员（右一）在中科院古脊椎所刘金毅研究员（左一）陪同下，考察骆驼山金远洞并合作研究食肉类化石。

▲ 美国威斯康星大学人类学系亨利·托马斯·邦恩（Henry Thomas Bunn）和埃伦·玛乔丽·克罗尔（Ellen Marjorie Kroll）教授在中科院古脊椎所张双权研究员的陪同下考察骆驼山洞穴遗址并进行学术讨论。

◀ 古鸟类学专家，中科院古脊椎所托马斯·斯蒂汉姆（Thomas Stidham）研究员（左）和李志恒副研究员（右）在大连金普新区观察研究骆驼山第四纪鸟类化石。

▼ 巴基斯坦费萨拉巴德政府学院大学的两位研究生（左一、左二）参加骆驼山金远洞的野外发掘。

▼ 日本京都大学高井正成教授（左三）和爱知教育大学河村善也教授（左二）考察骆驼山金远洞。

▼ 法国地质年代学专家让-雅克·巴哈因（Jean-Jacques Bahain，右一）、南京师范大学邵庆丰副教授（中）来考察指导。

▼ 延世大学赵泰燮教授（右二）等韩国考古学家考察骆驼山遗址。

▲ 韩国延世大学韩昌钧教授等 11 人来访骆驼山。

▲ 韩国先史文化研究院理事长李隆助教授（上图前排左三、下图左五）和时任大连自然博物馆馆长赵博教授（上图前排右三、下图左四）考察骆驼山金远洞并观察石制品。

▲ 法国巴黎自然历史博物馆的让 - 雅克·巴哈因教授（左二）和皮埃尔·万谢（Pierre Voinchet）教授（左一）在南京师范大学邵庆丰副教授（左三）的陪同下考察骆驼山金远洞，并系统采集地质年代学测试样品。

▼ 美国威斯康星大学人类学系亨利·托马斯·邦恩（左四）和埃伦·玛乔丽·克罗尔教授（左三）在中科院古脊椎所张双权研究员的陪同下考察骆驼山洞穴遗址并进行学术讨论。

骆驼山金远洞古化石遗址群发现后，吸引了辽宁工程技术大学、辽宁省博物馆等机构的科学家来考察、研讨、交流。

▲ 2018 年 7 月，时任大连市委常委、大连金普新区管委会主任李鹏宇（前排左二）在骆驼山现场视察。

◀▼ 2019 年 7 月，时任大连市委常委、大连金普新区管委会主任李鹏宇（左图前排左三，下图前排右二）在骆驼山古化石标本展现场与金昌柱研究员讨论。

▲ 大连市原副市长张志宏（前排右三）和市文旅局局长马涛（前排右一）在骆驼山现场考察。

◀ 金普新区党工委宣传部部长佟欣秋和文旅局副局长赵立新在骆驼山化石项目会议上。

▶ 金普新区管委会教育文化旅游局局长吴建昌（中）在骆驼山现场。

▼ 金普新区管委会副主任吕东升（右四）在普湾办公楼化石展室视察。

后记

　　这本《大连金普骆驼山金远洞遗址》画册，是在《金普·远古双眸》报告文学集完成之后，再一次以图片形式展现了骆驼山金远洞遗址的综合研究过程。这本画册的意义，在于提升金远洞发掘和科研成果的影响力，同时介绍新区丰富的古生物资源和文化资源，展现新区务实开放的新形象，提升新区知名度和美誉度，助力新区发展。

　　习近平总书记说：我们要加强考古工作和历史研究，让收藏在博物馆里的文物、陈列在广阔大地上的遗产、书写在古籍里的文字都活起来，丰富全社会历史文化滋养。

　　记录远古的这一段画面，是为了传承先人血脉、弘扬拓荒精神，是为了铭记这一段历史，更是为了探索生命和人类演化的奥秘。古生物学的迷人之处就在于，许多看似无关的事物之间，往往存在着超乎我们想象的联系。

　　这本画册的编纂由中科院古脊椎所团队和金普新区文化旅游局共同策划，其实许多图片就是他们在骆驼山工作的写实，许多图片同时也是他们自己点滴记录的瞬间。

　　画册得到了摄影家王正的图片支持，最后由大连著名摄影家汤亚辉统筹排版制作，在此一并表示深深的感谢。

　　时间仓促，水平所限，在制作过程中又面临着疫情的侵袭，画册难免有不足之处，敬请方家和读者批评指正。

　　感谢金普骆驼山的重要发现，感谢那些精美的化石和感人的故事。

www.sciencep.com

（P-7216.01）

ISBN 978-7-03-073201-9

9 787030 732019 >

定价：288.00元